Robótica industrial *Ing. Miguel D'Addario*

Robótica industrial *Ing. Miguel D'Addario*

Robótica industrial *Ing. Miguel D'Addario*

ISBN-13: 978-1537125930
ISBN-10: 1537125931

Robótica industrial *Ing. Miguel D'Addario*

Manual de
Robótica industrial
Fundamentos, usos y aplicaciones

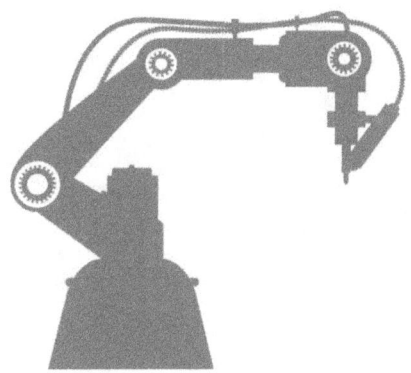

Ing. Miguel D'Addario

Primera edición

2016

CE

Robótica industrial *Ing. Miguel D'Addario*

Índice

Autor / *15*

Glosario de términos de uso en la robótica / *17*

Introducción / *37*
    Antecedentes históricos / **38**

Clasificación de los robots / *42*
    Según su cronología
    Según su estructura / **43**
    Usos y aplicaciones / **47**
    Los tres principios o leyes de la robótica s/ Asimov / **48**
Análisis de la necesidad de un robot / **51**

Definición y clasificación del robot / *56*
Se clasifican en:
    Robot industrial
    Robot de servicio
    Robot teleoperados
    Transmisiones y reductores / **59**
        Accionamiento directo / **61**
    Actuadores / **62**
        Actuadores neumáticos
        Actuadores hidráulicos / **64**
        Actuadores eléctricos / **65**
    Sensores internos / **69**
        Sensores de posición
        Sensores de velocidad / **73**
        Sensores de presencia / **74**
    Elementos terminales / **75**

Aplicaciones industriales de los robots / *76*
    Trabajos en fundición
    Soldadura
    Pintura / **78**
    Aplicación de adhesivos
    Alimentación de máquinas / **79**
    Procesado
    Corte
    Montaje / **80**

Paletización / **81**
Control de calidad
Manipulación en salas blancas
Robots de servicios / **82**
Industria nuclear
Medicina / **83**
Construcción
Clasificación por la geometría / **84**
Clasificación por el método de control / **85**
Clasificación por la función / **86**

Componentes mecánicos de un robot / *88*
Definiciones, componentes y sus tipos
Accesibilidad / **89**

Mecánica de los robots / *93*
Conceptos básicos de geometría espacial / **95**
Sistemas de coordenadas
Sensorización / **96**
Sensores internos / **98**
Sensores de posición / **99**
Sensores de posición de tipo óptico / **100**
Sensores de velocidad / **105**
Acelerómetros / **107**
Sensores externos / **108**
Sensores de proximidad
Sensores de tacto / **115**
Sensores de fuerza / **118**
Sensores de visión / **120**

Tecnología de los actuadores en la robótica / *123*
Actuadores hidráulicos
Actuadores neumáticos / **124**
Actuadores eléctricos / **125**
Motores de corriente continua (CC)
Servo-amplificadores / **126**
Transmisiones y dispositivos de conversión / **128**
Precisión, repetibilidad y resolución / **130**

Control de los robots / *133*
Control de una articulación / **134**

Programación de robots / *136*
Introducción

Robótica industrial *Ing. Miguel D'Addario*

Requerimientos lenguajes programación de robots / **138**
Sistemas operativos / **143**
Clasificación de los lenguajes de programas robots / **144**
Niveles de programación. Cuadro resumen / **148**
Lenguajes orientados al robot / **153**
Movimientos del robot
Los movimientos pueden ser
    Movimientos en espacio libre (free motions)
    Movimientos condicionados (guarded motions)
    Mov. c/ restricciones (compliant motions) / **154**
    Mov. partes sin capturas (constrained motions)
Evolución y características / **155**
    Algunos ejemplos de lenguajes de programación

Robots móviles / *159*
    Cinemática de robots móviles / **161**
    Los sistemas coordenadas se asignan del modo siguiente / **164**
    Navegación
    Mapa / **165**
    Mapas del entorno / **167**
    Tipos de mapas que son comúnmente usados / **169**
        Mapas de marcas en el terreno (landmarks)
        Mapas de ocupación
        Tipos / **170**
            Mapas de espacio libre
            Diagrama de Voronoi / **171**
            Mapas de objetos / **172**
            Mapas compuestos
            Quadtrees
            Mapas basados en reglas / **173**
    Autolocalización
        Odometría
    Planificación y seguimiento de caminos / **174**
    Requerimientos de un planificador de caminos / **175**
Modos de planificar un camino / **175**
    Por guiado
    Automáticamente / **176**
Muchos de los sensores pueden fácilmente ser adaptados / **177**
    Entre ellos son habituales / **178**
        Fotoresistencias o fototransistores
        Sensores de proximidad por infrarrojos
        Sensores piroeléctricos
        Sensores de contacto por doblez

Robótica industrial *Ing. Miguel D'Addario*

Microinterruptores de choque (bumpers):
Sonares / **179**
Codificadores ópticos
Giróscopos
Inclinómetros
Brújulas / **180**
Cámaras de TV

Inteligencia artificial (IA) y Robótica / *182*
Inteligencia artificial en los robots
Nociones de inteligencia y aplicación en Robótica / **185**
Relación Inteligencia Artificial-Robótica / **188**
Robótica clásica / **190**
Modelo neuronal de Mc Culloch-Pitts / **192**

Automatización y mecanización / *193*
Mecanización / **194**
Automatización
Robotización / **195**
Sistemas de control / **196**
Sistemas en lazo abierto
Sistemas en lazo cerrado / **197**
Sistemas discretos / **199**
Arquitectura de un robot / **200**

Control de robots por ordenador / *202*
Proceso del control de un robot
Vista general y sus partes de un robot industrial / **203**

Ejemplo de un robot educativo / *204*
Descripción del Robot educativo MR-999E.
M1 base
M2 hombro
M3 codo
M4 muñeca
M5 pinza
Opciones de que dispone el programa / **206**
Funciones a utilizar para hacer los programas / **207**
Elementos de programación / **208**
En qué consiste cada una de ellas / **209**
Definición del problema
Partición del problema
Desarrollo de algoritmos / **210**
Codificación

Robótica industrial *Ing. Miguel D'Addario*

       Depuración
       Testeo y validación
       Documentación / **211**
       Mantenimiento
   Vídeos demostrativos del funcionamiento (Links) / **211**
   Kit Robot educativo MR-999E / **212**
   Organigramas / **213**
       Símbolos de los organigramas
       Un ejemplo de organigrama / **214**
   Seis estructuras básicas p/ confeccionar programas / **214**
       Estructura secuencial / **215**
       Estructura repetitiva
          Existen tres tipos
       Estructura alternativa / **217**
          Existen dos tipos / **218**

Programación del Robot educativo MR-999E / *220*
   Ejercicio 1. (Estructura secuencial)
   Ejercicio 2. (Estructura repetitiva 1) / **221**
   Ejercicio 3. (Estructura alternativa) / **222**
   Ejercicio 4. (Combinación estructuras alternativas) / **223**
   Tipos de robots industriales / **225**
   Similitudes robot y humano / **226**
   Giros y movimientos de un robot

20 Ejercicios prácticos / *227*

Futuro y proyección de la robótica / *223*
   La cuarta revolución industrial
   Tecnología y cambios en la sociedad
   En qué consiste la cuarta revolución industrial
   Cambios que impulsa la cuarta revolución industrial / **237**
   Los beneficios de la cuarta revolución industrial
   Avances qué traerá la cuarta revolución industrial / **241**
   Tendencia y cambios a futuro / **243**
   Finalidades futuras / **245**

Esquemas e infografías / *247*

Bibliografía / *255*

Autor

Miguel D'Addario es ingeniero industrial (UNC), con orientación eléctrica. Es técnico superior en equipos industriales, mantenimiento y gestión. Es docente en los niveles de Formación profesional, Secundario y Universitario. Además instructor de Autocad, 3D y modelado.

Ha publicado una centena de libros, en su mayoría técnicos educativos para todos los niveles.

Sus libros se encuentran en diferentes centros de estudios y bibliotecas del mundo, como por ejemplo la Universidad San Pablo de Perú, Universidad de Santo Domingo la República Dominicana, Universidad de San Gregorio de Ecuador, Universitat de Valencia, Biblioteca Nacional de España, Biblioteca Nacional de Argentina, Universidad de Texas, Universidad de Toronto, Universidad de Deusto, Biblioteca Nacional Británica, Universidad de Harvard, Biblioteca del Congreso de los Estados Unidos.

Sus libros son traducidos a múltiples idiomas y están distribuidos en los bookstores más relevantes del mundo.

Otras obras similares del autor:
- *Automatismo industrial*
- *Diseño industrial*
- *Electricidad básica*
- *Electrónica básica*
- *Dibujo técnico*
- *Manual de AutoCAD 2D*
- *Equipos de frío*
- *Equipos de Calor*
- *Gestión del mantenimiento*
- *Energía eólica*
- *Energía solar fotovoltaica*

Webs donde conocer y/o adquirir otras obras del autor:

http://migueldaddariobooks.blogspot.com.es/
https://www.amazon.com/Miguel-DAddario/
https://www.createspace.com/pubMiguelDAddario
https://www.elcorteingles.es/bio/miguel-d-addario/ebooks/

Glosario de términos de uso en la robótica

A

-Acelerómetro: Se denomina acelerómetro a cualquier instrumento destinado a medir aceleraciones.

-Actuadores: Transductor, que transforma señales eléctricas en movimientos mecánicos. Esto traduce las señales de control en movimiento mecánico. Las señales de control son generalmente eléctricas pero más raramente, pueden ser neumáticas o hidráulicas. Además la fuente de alimentación puede ser cualquiera de estos. Es común para el control eléctrico ser utilizada para modular una alta potencia motor neumático o hidráulico.

-Actuador Lineal: Una forma de motor que genera un lineal movimiento directamente.

-Acoplamiento Klann: un vínculo simple para robots andantes.

-Aerobot: Un robot capaz de vuelo independiente en otros planetas.

-Algoritmo: Conjunto definido de reglas o procesos para la solución de un problema en un número finito de pasos.

-Analógico: Representación de una variable o información mediante valores que varíen de forma continua. Se opone a numérico o digital.

-Androide: Un robot humanoide.

-Animación: Creación, mediante la computadora, de imágenes en movimiento para su visualización en la pantalla.

-API: Interfaz de Programación de Aplicaciones: Son una biblioteca con clases y métodos para realizar programación orientada a objeto.

-Arquitectura de subsunción: Una arquitectura de robot que utiliza un modular, diseño de la parte inferior empezando con las tareas menos complejas del comportamiento.

-Arduino: La plataforma actual de elección para la experimentación robótica en pequeña escala y computación física.

-Armadura: Conjunto de elementos del manipulador, donde se articula el brazo para realizar su labor.

-Articulaciones: Enlace que se encarga de unir dos sólidos para que se muevan compartiendo un punto en común.

-Artificial Intelligence: Es la inteligencia de las máquinas y la rama de Ciencias de la computación que pretende crear.

-Autómata: Aparato que encierra en sí mismo los mecanismo necesarios para ejecutar ciertos movimientos o tareas similares a las que realiza el hombre, manifestándose como un ser animado capaz de imitar gestos. Un robot Self-operación temprano, realizando exactamente las mismas acciones, una y otra vez.

-Automática: Ciencia que trata de sustituir en un proceso el operador humano por un determinado dispositivo, generalmente electromecánico.

-Automatización: Se le denomina así a cualquier tarea realizada por máquinas en lugar de personas. Es la sustitución de procedimientos manuales por sistemas de cómputo.

-Auto-operador: Manipulador automático no reprogramable.

-Asimov, Isaac: Escritor y científico ruso, importante autor de ciencia ficción. Utilizó la palabra "Robótica" en su obra "Runaround", y se volvió muy popular a partir de una serie de historias breves llamadas "I Robot", escritas desde 1950. Muy conocido por su referencia a los robots y a sus implicancias en el mundo del futuro. Autor de las famosas leyes de la robótica.

B

-Balanceo: Uno de los tres movimientos permitidos a la muñeca del robot. Llamado así por similitud con el correspondiente movimiento de un barco o avión. Movimiento de giro alrededor de un eje longitudinal (horizontal) de un barco.

-Biomimético. Ver biónica.

-Biónica: También conocido como biomimética, biognosis, biomimética o creatividad biónica ingeniería es la aplicación de métodos biológicos y sistemas encontrados en la naturaleza para el estudio y diseño de sistemas de ingeniería y tecnología moderna.

-Brazo antropomórfico: Brazo mecánico con características humanoides.

-Brazo del robot: Una de las partes del manipulador. Soportado en la base de éste, sostiene y maneja la muñeca (donde va instalado el útil de toma de objetos).

C

-CAD/CAM: Diseño asistido por ordenador y fabricación asistida por computadora). Estos sistemas y sus datos pueden integrarse en las operaciones robóticas.

-Cabeceo: Uno de los tres movimientos permitidos a la muñeca del robot. Llamado así por similitud con el correspondiente movimiento de un barco o avión. Movimiento de giro alrededor de un eje transversal al buque.

-Cadena cinemática: Conjunto de elementos mecánicos que soportan la herramienta o útil del robot (base, armadura, muñeca, etcétera).

-Capek, Karel: Dramaturgo checo, quien mencionó la palabra "Robot" por primera vez en 1917 en una historia llamada "Opilec", y se difundió en una obra suya más popular llamada "Rossum's Universal Robots", la cual data de 1921. Robot deriva de "robotnik", con la cual definía al "esclavo de trabajo", y con ella se designaba a un artilugio mecánico con aspecto humano y capaz de desarrollar incansablemente tareas que estaban reservadas hasta el momento a los hombres.

-Cartesianas, coordenadas: (Ver Coordenadas)

-Chip (Circuito integrado): Pieza pequeña de silicio sobre la cual se fabrica un circuito electrónico integrado. Un solo chip puede reemplazar miles de transistores, resistencias y diodos, e incluso, un chip puede contener la Unidad Central de proceso (CPU) completa de una microcomputador.

-Cibernética: Estudio comparativo de los procesos orgánicos y los procesos realizados por máquinas, con el fin de comprender sus semejanzas y diferencias, y lograr que las máquinas imiten el comportamiento humano.

-Cinemático: En robótica se utiliza este término para referirse a los accionamientos de un manipulador que suponen una unión física directa entre los mandos del operador y el elemento terminal.

-Circuito: Es un ciclo, un camino sin interrupciones que permite por ejemplo, que la corriente salga por un lado de la pila y regrese por el otro. También es necesario un circuito para obtener electricidad del tomacorriente.

-Circuito impreso: (Printed circuit board). Lámina de plástico con conectores metálicos integrados y dispuestos en hileras, sobre la cual se colocan los diferentes componentes electrónicos, principalmente los chips.

-Cleanroom: Un ambiente que tiene un bajo nivel de contaminantes ambientales como el polvo, los microbios en el aire, partículas de aerosol y vapores químicos; a menudo usado en el ensamblado del robot.

-Controlador: Es la parte del software que controla un periférico particular.

-Control analógico: La información de control es dada en forma de valores (variables de un modo continuo) de ciertas cantidades físicas (analógicas).

-Control numérico: Los datos están representados en forma de códigos numéricos almacenados en un medio adecuado. Se llaman también sistemas de punto a punto, o de camino continuo.

-Control remoto: Manipulador de: Aquél en que cada grado de libertad está actuado por un dispositivo independiente, con lo que puede no estar unido cinemáticamente al actuador del operador.

-Coordenadas: Sistema de ejes para el posicionamiento de un punto en el plano o en el espacio. Pueden ser: *a) Angulares.* Si la referencia de un punto se hace mediante la definición de ángulos a partir de los ejes (origen de los ángulos). *b) Polares.* Se establece un punto mediante la indicación de un ángulo y un valor escalar (numérico). *c) Rectangulares.* Cuando los puntos están definidos por varios números (dos o tres).

-Cyborg: También conocido como un organismo cibernético, un ser con piezas tanto biológicas como artificiales (electrónicas, mecánicas o robóticas).

D

-Digital: Representación de la información basada en un código numérico discreto.

-Dispositivo: Mecanismo de un aparato o equipo que, una vez accionado, desarrolla de forma automática la función que tiene asignada.

E

-Efector final: Un dispositivo accesorio o herramienta diseñada específicamente para el accesorio a la muñeca del robot o la herramienta placa de montaje para activar el robot realizar su tarea prevista. (Los ejemplos pueden incluir garra, soldarlo pistola, pistola de soldadura arco, pistola de pulverización de pintura o cualquier otra herramienta de aplicación).

-Eje: Cada una de las líneas según las cuales se puede mover el robot o una parte de él (algún elemento de su estructura). Pueden ser ejes o líneas de desplazamiento longitudinal sobre sí mismo (articulación prismática) o ejes de giro (rotación). Cada eje define un "grado de libertad" del robot.

-Elemento: Cada uno de los componentes de la estructura de un manipulador. Pueden ser elemento maestro, esclavo, de unión, terminal, etc.

-Encadenamiento hacia adelante: Un proceso en el cual eventos o datos recibidos son considerados por una entidad inteligente adaptar su comportamiento.

-Envolvente (espacio): Máximo el volumen del espacio que abarque el máximo diseñado los movimientos de todas las piezas del robot incluyendo el efector final, pieza de trabajo y los archivos adjuntos.

-Encoders: Sensor para conocer la posición angular; los encoders normalmente se encuentra acoplados a motores.

-Exoesqueleto robot: Es una estructura metálica que facilita la movilidad del robot

F

-Filtro de Kalman: Una técnica matemática para estimar el valor de la medición del sensor, de una serie de valores intermitentes y ruidosos.

-Firmware: Es un bloque de instrucciones de programa para propósitos específicos, grabado en una memoria de tipo no volátil (ROM, EEPROM, flash), que establece la lógica de más bajo nivel que controla los circuitos electrónicos de un dispositivo de cualquier tipo.

-Fuzzyficación: Es La primera etapa del control difuso, consiste en convertir los valores de entrada obtenidos por el sensor en conjuntos difusos

G

-Garra: Una de las configuraciones típicas del elemento terminal de un manipulador. Es un elemento de precisión y potencia medias.

-Giro: Movimiento básico de un manipulador. (Ver Eje.)

-Ginoide: Un robot humanoide diseñado para parecerse a una mujer humana.

-Grados de libertad: En robótica hace referencia al número de movimientos independientes que puede realizar el robot. Un grado de libertad es la capacidad de moverse a lo largo de un eje (movimiento lineal) o de rotar a lo largo de un eje (movimiento rotacional). También se llama en inglés DOF (Degree of Freedom).

H

-Háptica: Tecnología de retroalimentación táctil usando el sentido del operador del tacto. A veces también se aplica a robot Manipuladores con su propia sensibilidad al tacto.

-Hexápodo (plataforma): Una plataforma movible, utilizando seis actuadores lineales. De uso frecuente en simuladores de vuelo y paseos en el parque de atracciones, también tienen aplicaciones como un Manipulador robótico.

-Hexápodo (Walker): Un robot andante de seis patas, usando un simple insecto locomoción.

-Hidráulica: El control de la fuerza mecánica y movimiento, generado por la aplicación de líquidos bajo presión. Es un manipulador cuya energía de movimiento viene proporcionada por un fluido que presiona émbolos. Se consigue una gran potencia en la operación del robot, aunque se pierda precisión.

-Humanoide: Una entidad robótica diseñada para parecerse a un ser humano en forma, función o ambos.

I

-IDE: Entorno de Desarrollo Integrado, es un programa informático compuesto por un conjunto de herramientas integradas que facilitan la programación. Informática. Conjunto de conocimientos científicos y técnicas que hacen posible el tratamiento automático de la información por medio de computadoras.

-Insecto robot: Un pequeño robot diseñado para imitar los comportamientos de insectos más complejos comportamientos humanos.

-Inteligencia Artificial: Hace referencia a la simulación de funciones y actividades cognitivas propias de la inteligencia humana por medio de la computadora, es decir, a la creación de máquinas capaces de aprender y autoperfeccionarse. Término que, en su sentido más amplio, indicaría la capacidad de un artefacto de realizar los mismos tipos de funciones que caracterizan al pensamiento humano.

-Interface: Circuito o conector que hace posible el "entendimiento" entre dos elementos de hardware, es decir, permite su comunicación. Es el medio por el cual un usuario puede comunicarse con un dispositivo electrónico.

-Interruptor: Su función es cortar o no, el paso de la corriente eléctrica: por medio de distintos tipos de mecanismos, juntan y separan cables. La llave de la luz y el pulsador de un timbre son ejemplos de interruptores.

-Implicación: Es La segunda etapa del control difuso donde se evalúan las reglas de inferencia.

L

-Leyes de la Robótica: El escritor Isaac Asimov propuso las "Leyes de la Robótica", que en un principio fueron sólo tres pero luego añadió una cuarta, llamada Ley Cero. Estas son:
    Ley Cero: Un robot no puede dañar a la humanidad, o a través de su inacción, permitir que se dañe a la humanidad.
    Primera Ley: Un robot no puede dañar a un ser humano, o a través de su inacción, permitir que se dañe a un ser humano.
    Segunda Ley: Un robot debe obedecer las órdenes dadas por los seres humanos, excepto cuando tales órdenes estén en contra de la Primera Ley.
    Tercera Ley: Un robot debe proteger su propia existencia, siempre y cuando esta protección no entre en conflicto con la Primera y la Segunda Ley.

M

-Manipulador: En general, cualquier dispositivo mecánico capaz de reproducir los movimientos humanos para la manipulación de objetos. En particular, suele referirse a los elementos mecánicos de un robot que producen su adecuado posicionamiento y operación.

-Manipulador o pinza: Una 'mano' robótica.

-Máquina: Artificio o conjunto de aparatos combinados para recibir cierta forma de energía, transformarla y restituirla en otra más adecuada o para producir un efecto determinado.

-Microcontrolador: Un microcontrolador es un circuito integrado programable que contiene todos los componentes de un computador, se emplea para realizar una tarea determinada para la cual ha sido programado. Dispone de procesador, memoria para el programa y los datos, líneas de entrada y salida de datos y suele estas asociado a múltiples recursos auxiliares. Puede controlar cualquier cosa y suele estar incluido en el mismo dispositivo que controla.

-Microchips: (A veces llamado "chip") es un conjunto de circuitos empaquetados para computador (conocido como "circuito integrado") fabricado de silicón a muy pequeña escala. Están hechos para programas lógicos (chip microprocesador o lógico) y para memoria de computador (memoria o chips RAM). Los microchips están hechos de tal manera que incluyen memoria y lógica para propósitos especiales como conversión análoga a digital, bit slicing y salidas.

-Muñeca: Dispositivo donde se articula el elemento terminal (garfio, pinza, etc.) de un manipulador. Es un elemento básico para la definición de la flexibilidad y precisión del manipulador. Las posiciones del elemento terminal vienen dadas por los grados de libertad de la muñeca.

N

-Navegación inercial: Es un sistema de navegación que sirve para determinar la posición relativa de un robot, utilizando giroscopios y acelerómetros para medir la tasa de rotación y aceleración.

-Neumático: Es un manipulador cuya energía de movimiento viene proporcionada por un sistema de aire comprimido (conductos que lo contienen, émbolos de empuje, sistema compresor, etc.).

O

-Odometría: Es el estudio de la estimación de la posición de vehículos con ruedas durante la navegación.

P

-Paso a paso, motor: Motor eléctrico que gira un número exacto de grados al recibir una adecuada secuencia de comandos de control. Son motores sumamente precisos.

-Pinza: Una de las configuraciones características del elemento terminal de un manipulador o de un robot. Se articula con el resto de la estructura a través de la muñeca.

-PID: Controlador Proporcional-Integral-Derivativo (controlador PID) es un mecanismo genérico de control de lazo realimentado ampliamente usado en los sistemas de control industrial. Un controlador PID corrige el error entre la variable de proceso medida y la consigna, realizando una acción correctiva sobre la salida, la cual será proporcional al error, con lo que se puede mantener las condiciones deseadas del proceso.

-Plataforma Stewart: Una plataforma movible, utilizando seis actuadores lineales, por lo tanto, también conocido como un Hexápodo.

-PLC: Es un dispositivo de estado sólido, diseñado para controlar procesos secuenciales (una etapa después de la otra) que se ejecutan en un ambiente industrial. Es decir, que van asociados a la maquinaria que desarrolla procesos de producción y controlan su trabajo. El término PLC procede de las siglas en inglés de Controlador Lógico Programable (Programmable Logic Controller).

-Plugins o complemento de software: Es una aplicación que se relaciona con otra para aportarle una función nueva y generalmente muy específica. Esta aplicación adicional es ejecutada por la aplicación principal e interactúan por medio de la API.

-P.O.O: Programación Orientada a Objetos (OOP según sus siglas en inglés) es un paradigma de programación que usa objetos y sus interacciones para diseñar aplicaciones y programas de sistemas de cómputo. Está basado en varias técnicas, incluyendo herencia, modularidad, polimorfismo y encapsulamiento.

-Procedimiento: Secuencia de operaciones destinadas a la resolución de un problema determinado.

-Puerto: Interfaz para enviar y recibir información.

-PWM: Modulación por ancho de pulsos, consiste en modificar el ciclo de una señal periódica.

R

-Rango: Amplitud de la variación de un fenómeno entre un límite menor y uno mayor claramente especificados.

-Redes neuronales: Sistema de aprendizaje y procesamiento automático inspirado en la forma en que funciona el sistema nervioso de los animales. Se trata de un sistema de interconexión de neuronas en una red que colabora para producir un estímulo de salida.

-Reductora: Conjunto de elementos encargados de adecuar el par y la velocidad de salida del actuador a los valores necesarios de actuación del robot.

-Redundancia: Es un principio de diseño por el cual diversos sistemas pueden hacer la misma función simultáneamente, garantizando en caso accidental de uno de ellos los otros sistemas aún protejan el sistema.

-Resolvers: Encoders ópticos.

-RI: Siglas utilizadas para referirse a un robot industrial.

-Robot: Manipulador mecánico, reprogramable y de uso general. Se define como un sistema híbrido de cómputo que realiza actividades físicas y de computación. Los robots utilizan sensores analógicos para reconocer las condiciones del mundo real transformadas por un convertidor analógico digital en claves binarias comprensibles para el computador del robot. Las salidas del computador controlan las acciones físicas impulsando sus motores.

-Robótica: La robótica es la rama de la ciencia que se ocupa del estudio, desarrollo y aplicaciones de los robots El nombre de robot procede del término checo robota (trabajador, siervo) con el que el escritor Karel Capek designó, primero en su novela y tres años más tarde en su obra teatral RUR (Los robots universales de Rossum, 1920) a los androides, producidos en grandes cantidades y vendidos como mano de obra de bajo costo, que el sabio Rossum crea para liberar a la humanidad del trabajo. En la actualidad, el término se aplica a todos los ingenios mecánicos, accionados y controlados electrónicamente, capaces de llevar a cabo secuencias simples que permiten realizar operaciones tales como carga y descarga, accionamiento de máquinas herramienta, operaciones de ensamblaje y soldadura, etc. Hoy en día el desarrollo en este campo se dirige hacia la consecución de máquinas que sepan interactuar con el medio en el cual desarrollan su actividad (reconocimientos de formas, toma de decisiones, etc.).

-Robot andante: Un robot capaz de locomoción por caminar. Debido a las dificultades de equilibrio, dos piernas caminando robots hasta ahora han sido raras.

-Robot Autónomo (RA): Son sistemas completos que operan eficientemente en entornos complejos sin necesidad de estar constantemente guiados y controlados por operadores humanos. Una propiedad fundamental de los RA es la de poder reconfigurarse dinámicamente para resolver distintas tareas según las características del entorno se lo imponga en un momento dado. Hacemos énfasis en que son sistemas completos que perciben y actúan en entornos dinámicos y parcialmente impredecibles, coordinando interoperaciones entre capacidades complementarias de sus componentes. La funcionalidad de los RA es muy amplia y variada desde algunos RA que trabajan en entornos inhabitables, a otros que asisten a gente discapacitada. Algunos ejemplos son: el robot autónomo enviado a Marte (Sojourner) por NASA, el Robot androide que camina autónomamente de Honda, COG en MIT y otros muchos.

-Robot Industrial: Definieron una primera fase y dominaron el campo durante los años 70 y 80. En estos sistemas, robótica era prácticamente sinónimo de manipuladores, excepto por algún trabajo en vehículos guiados autónomamente. En general, los Robots Industriales son pre-programados para realizar tareas específicas y no disponen de capacidad para reconfigurarse autónomamente. Un manipulador reprogramable, multifuncional diseñado para mover materiales, piezas, herramientas o dispositivos especializados a través de la variable programado mociones para el desempeño de una variedad de tareas.

-Robot de eliminación de artefactos explosivos: Un robot móvil diseñado para determinar si un objeto contiene explosivos; Algunos llevan detonadores que pueden ser depositadas en el objeto y activados después de que el robot se retira.

-Robot móvil: Un robot autopropulsado y autónomo que es capaz de mover sobre un curso de mecánica sin restricciones.

-Robótica Pedagógica: Actividad de concepción, creación y puesta en práctica, con fines pedagógicos de objetos tecnológicos que son reducciones fieles y significativas de procedimientos y herramientas robóticas bastante usadas en la vida cotidiana, de forma especial en el medio industrial

-Rotación: Movimiento básico en un manipulador. (Ver Eje.).

S

-Sensor: Transductor que capta magnitudes y las transforma en señales eléctricas.

-Sensores: Son dispositivos usados para convertir una variable física difícil de medir directamente (como velocidad, posición, aceleración, etc.) En otra variable medible (generalmente en variables eléctricas).

-Sensor Hall: El sensor de efecto Hall o simplemente sensor Hall o sonda Hall se sirve del efecto Hall para la medición de campos magnéticos o para la determinación de la posición.

-Servo: Un motor que mueve y mantiene una posición bajo comando en lugar de moviendo continuamente.

-Servo-control: Control realizado por servosistemas.

-Servomecanismo: Un dispositivo automático que utiliza la retroalimentación negativa de detección de error para corregir el funcionamiento de un mecanismo.

-Servo-Sistema: Sistema de bucle cerrado que permite asegurar el control de una magnitud de salida cualquiera como desplazamiento, temperatura, velocidad, etc., a partir de una magnitud de entrada llamada magnitud de referencia.

-Set-point: Es el valor deseado que se busca obtener en la variable de interés de un proceso.

-Sistema: Conjunto organizado de elementos diferenciados cuya interrelación e interacción supone una función global.

-Sistema de control: Estructura que contiene la lógica y programación para las acciones a realizar por robot.

T

-Tele-manipuladores: Mecanismos controlados a distancia por un operador.

-Tele-robótica: Área de la robótica donde las tareas de percepción del entorno, planificación y manipulación compleja son realizadas por humanos. Donde el operador se encarga de cerrar el bucle de control

U

-Unidad de potencia: La fuente de energía o fuentes para los actuadores del robot.

V

-Vehículos omnidireccionales: Vehículos que sin girar pueden moverse en cualquier dirección y que además de ello pueden girar sobre sí mismos.

Introducción

La robótica es la rama de la ingeniería mecatrónica, ingeniería eléctrica, ingeniería electrónica y ciencias de la computación que se ocupa del diseño, construcción, operación, disposición estructural, manufactura y aplicación de los robots. La robótica combina diversas disciplinas como son: la mecánica, la electrónica, la informática, la inteligencia artificial, la ingeniería de control y la física. Otras áreas importantes en robótica son el álgebra, los autómatas programables, la animatrónica y las máquinas de estados. El término robot se popularizó con el éxito de la obra R.U.R. (Robots Universales Rossum), escrita por Karel Čapek en 1920. En la traducción al inglés de dicha obra, la palabra checa robota, que significa trabajos forzados, fue traducida al inglés como robot. La historia de la robótica va unida a la construcción de "artefactos", que trataban de materializar el deseo humano de crear seres a su semejanza y que lo descargasen del trabajo. Karel Čapek, un escritor checo, acuñó en 1921 el término "Robot" en su obra dramática Rossum's Universal Robots / R.U.R., a partir de la palabra checa robota, que significa servidumbre o trabajo forzado. El término robótica es acuñado por Isaac Asimov, definiendo a la ciencia que estudia a los robots. Asimov creó también las Tres Leyes de la Robótica. En la ciencia ficción el hombre ha imaginado a los robots visitando nuevos mundos, haciéndose con el poder, o simplemente aliviando de las labores caseras.

Antecedentes históricos

-Grecia Automatos (autómata).

- Herón de Alejandría (85 d. C.) sistema de riego automático.
- *-Edad media*
- Roger Bacon cabeza parlante.
- Hombre de hierro de Alberto Magno (1204-1282) ancestros del robot humanoide.
- Gallo de Estrasburgo (1352).

-Renacimiento

- León Mecánico de Leonardo (1499).
- Hombre de Palo de Juanelo Turriano (1525).

-Siglos XVII - XIX

- Relojeros crean autómatas de vida limitada (actuador cuerda, resortes de acero, sistemas de pesas.).

- Muñecos (flautista) de Jacques Vaucanson (1738).
- Familia de humanoides: Escriba, organista, dibujante Droz (1770).
- Muñeca dibujante de Henry Maillardet.

Ya no solo se busca entretenimiento sino productividad:

-1801. Telar de Jacquard (cinta de papel perforada a modo de programa).

- (Ámbito industrial) Motor Watt sistema de válvulas controladas automáticamente, hizo del motor de vapor, el primer dispositivo capaz de mantener velocidad de giro constante sin que afectaran los cambios en la carga.

Nos acercamos a máquinas programables, configurables.

-Fin de la 2da guerra mundial:

- Desarrollo de la mecánica, electrónica, neumática, hidráulica se dispara; da origen a primeras máquinas herramientas de control numérico.
- Control realimentado de actuadores, uso extensivo de sensores, transmisión de potencia mediante engranajes.

- Aparición de la computadora, se consigue control más fiable, preciso y sofisticado.

-1959. George Devol y Joseph Engelberger crean el primer Robot Industrial comercial "UNIMATE".

-1962. UNIMATE se instala en una fábrica de GE.

La ventaja de estos primeros robots respecto a las máquinas de automatización es poder programarlos para distintas tareas y reconfigurarlos con otras herramientas.

-1967. Engelberger viaja a Japón. Acuerdo con Kawasaki fabricación de robots UNIMATION.

-1970. Japón toma la delantera (hasta hoy) en la robótica

-1973. ASEA fabrica el IR6, primer Robot de accionamiento completamente eléctrico.

-1974. Kawasaki instala robot soldadura con arco para motocicletas.

-1978. Se crea el SCARA (Selective Compliance Asembly Robotic Arm) destinado ensamblado y montaje.

-80´s 90´s. Progresos en Robótica Industrial y comienza a fabricarse robots humanoides (caminantes, etc.).

-1996. Honda crea P2, precursor de ASIMO.

-1997. Mars Path Finder (NASA) recoge y envía muestras en Marte.

-2001. iRobot crea robot doméstico teleoperado desde el Web.

-2004. EPSON. World's lightest flying robot.

-2007. ASIMO. Cordinated operation of multiples Robots.

Robot del Siglo XVI

Es un muñeco que camina en círculos golpeándose el pecho con una mano y teniendo un crucifijo en la otra, moviendo los labios, meditando (sin voz), asintiendo o girando la cabeza de lado a lado, y de vez en cuando se detiene y levanta el crucifijo y lo besa.

Clasificación de los robots

La clasificación de los robots puede darse según diferentes características.

Según su cronología
La que a continuación se presenta es la clasificación más común:

- 1ª Generación.

Manipuladores. Son sistemas mecánicos multifuncionales con un sencillo sistema de control, bien manual, de secuencia fija o de secuencia variable.

- 2ª Generación.

Robots de aprendizaje. Repiten una secuencia de movimientos que ha sido ejecutada previamente por un operador humano. El modo de hacerlo es a través de un dispositivo mecánico. El operador realiza los movimientos requeridos mientras el robot le sigue y los memoriza.

- 3ª Generación.

Robots con control sensorizado. El controlador es una computadora que ejecuta las órdenes de un programa y las envía al manipulador para que realice los movimientos necesarios.

- *4ª Generación.*

Robots inteligentes. Son similares a los anteriores, pero además poseen sensores que envían información a la computadora de control sobre el estado del proceso. Esto permite una toma inteligente de decisiones y el control del proceso en tiempo real.

Según su estructura

La estructura, es definida por el tipo de configuración general del Robot, puede ser metamórfica. El concepto de metamorfismo, de reciente aparición, se ha introducido para incrementar la flexibilidad funcional de un Robot a través del cambio de su configuración por el propio Robot. El metamorfismo admite diversos niveles, desde los más elementales (cambio de herramienta o de efecto terminal), hasta los más complejos como el cambio o alteración de algunos de sus elementos o subsistemas estructurales. Los dispositivos y mecanismos que pueden agruparse bajo la denominación genérica del Robot, tal como se ha indicado, son muy diversos y es por tanto difícil establecer una clasificación coherente de los mismos que resista un análisis crítico y riguroso. La subdivisión de los Robots, con base en su arquitectura, se hace en los siguientes grupos: poliarticulados, móviles, androides, zoomórficos e híbridos.

- *1. Poliarticulados*

En este grupo se encuentran los Robots de muy diversa forma y configuración, cuya característica común es la de ser básicamente sedentarios (aunque excepcionalmente pueden ser guiados para efectuar desplazamientos limitados) y estar estructurados para mover sus elementos terminales en un determinado espacio de trabajo según uno o más sistemas de coordenadas, y con un número limitado de grados de libertad. En este grupo, se encuentran los manipuladores, los Robots industriales, los Robots cartesianos y se emplean cuando es preciso abarcar una zona de trabajo relativamente amplia o alargada, actuar sobre objetos con un plano de simetría vertical o reducir el espacio ocupado en el suelo.

- *2. Móviles*

Son Robots con gran capacidad de desplazamiento, basada en carros o plataformas y dotada de un sistema locomotor de tipo rodante. Siguen su camino por telemando o guiándose por la información recibida de su entorno a través de sus sensores. Estos Robots aseguran el transporte de piezas de un punto a otro de una cadena de fabricación. Guiados mediante pistas materializadas a través de la radiación electromagnética de circuitos empotrados en el suelo, o a través de bandas detectadas fotoeléctricamente, pueden incluso llegar a sortear obstáculos y están dotados de un nivel relativamente elevado de inteligencia.

- *3. Androides*

Son los tipos de Robots que intentan reproducir total o parcialmente la forma y el comportamiento cinemático del ser humano. Actualmente, los androides son todavía dispositivos muy poco evolucionados y sin utilidad práctica, y destinados, fundamentalmente, al estudio y experimentación. Uno de los aspectos más complejos de estos Robots, y sobre el que se centra la mayoría de los trabajos, es el de la locomoción bípeda. En este caso, el principal problema es controlar dinámica y coordinadamente en el tiempo real el proceso y mantener simultáneamente el equilibrio del Robot.

- *4. Zoomórficos*

Los Robots zoomórficos, que considerados en sentido no restrictivo podrían incluir también a los androides, constituyen una clase caracterizada principalmente por sus sistemas de locomoción que imitan a los diversos seres vivos. A pesar de la disparidad morfológica de sus posibles sistemas de locomoción es conveniente agrupar a los Robots zoomórficos en dos categorías principales: caminadores y no caminadores. El grupo de los Robots zoomórficos no caminadores está muy poco evolucionado. Los experimentos efectuados en Japón basados en segmentos cilíndricos biselados acoplados axialmente entre sí y dotados de un movimiento relativo de rotación. Los Robots zoomórficos caminadores multípedos son muy numerosos y están siendo objeto de experimentos en diversos laboratorios con vistas al desarrollo posterior de verdaderos vehículos terrenos, pilotados o autónomos, capaces de evolucionar en superficies muy accidentadas. Las aplicaciones de estos Robots serán interesantes en el campo de la exploración espacial y en el estudio de los volcanes.

- 5. *Híbridos*

Corresponden a aquellos de difícil clasificación, cuya estructura se sitúa en combinación con alguna de las anteriores ya expuestas, bien sea por conjunción o por yuxtaposición. Por ejemplo, un dispositivo segmentado articulado y con ruedas, es al mismo tiempo, uno de los atributos de los Robots móviles y de los Robots zoomórficos.

Usos y aplicaciones

El noventa por ciento de robots trabajan en fábricas, y más de la mitad hacen automóviles. Las compañías de automóviles están tan altamente automatizadas que la mayoría de los humanos supervisan o mantienen los robots y otras máquinas. Otro tipo de trabajo para un robot es barajar, dividir, hacer, etc. en fábricas de comidas. Por ejemplo, en una fábrica de chocolates los robots arman las cajas de chocolates. ¿Cómo lo hacen? Son guiados por un sistema de visión, un brazo robótico que localiza cada pieza de chocolate y de forma gentil sin dañar al producto lo separa y divide. La robótica es el diseño, fabricación y utilización de máquinas automáticas programables con el fin de realizar tareas repetitivas como el ensamble de automóviles, aparatos, etc. y otras actividades. Básicamente, la robótica se ocupa de todo lo concerniente a los robots, lo cual incluye el control de motores, mecanismos automáticos neumáticos, sensores, sistemas de cómputos, etc. La robótica es una disciplina, con sus propios problemas, sus fundamentos y sus leyes. Tiene dos vertientes: teórica y práctica. En el aspecto teórico se aúnan las aportaciones de la automática, la informática y la inteligencia artificial. Por el lado práctico o tecnológico hay aspectos de construcción (mecánica, electrónica), y de gestión (control, programación). La robótica presenta por lo tanto un marcado carácter interdisciplinario. En la robótica se aúnan para un mismo fin varias disciplinas afines, pero diferentes, como la Mecánica, la Electrónica, la Automática, la Informática, etc.

Los tres principios o leyes de la robótica según Asimov son:

- Un robot no puede lastimar ni permitir que sea lastimado ningún ser humano.
- El robot debe obedecer a todas las órdenes de los humanos, excepto las que contraigan la primera ley.

- El robot debe autoprotegerse, salvo que para hacerlo entre en conflicto con la primera o segunda ley.

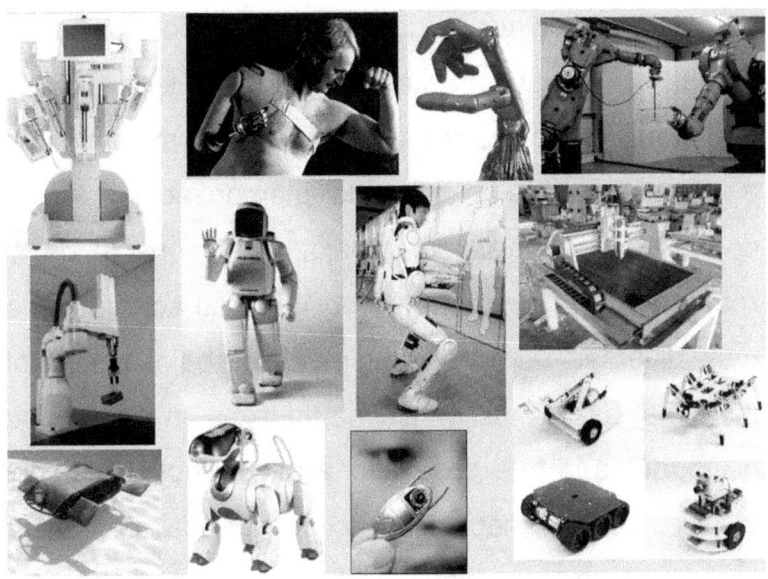
Tipos de robots, usos y aplicaciones

Los robots son dispositivos compuestos de sensores que reciben datos de entrada y que pueden estar conectados a la computadora. Esta, al recibir la información de entrada, ordena al robot que efectúe una determinada acción. Puede ser que los propios robots dispongan de microprocesadores que reciben el input de los sensores y que estos microprocesadores ordenen al robot la ejecución de las acciones para las cuales está concebido. En este último caso, el propio robot es a su vez una computadora.

-Robot industrial: Nace de la unión de una estructura mecánica articulada y de un sistema electrónico de control en el que se integra una computadora. Esto permite la programación y control de los movimientos a efectuar por el robot y la memorización de las diversas secuencias de trabajo, por lo que le da al robot una gran flexibilidad y posibilita su adaptación a muy diversas tareas y medios de trabajo. Un robot industrial es, por su propia naturaleza, un nuevo tipo de maquinaria que proporciona una flexibilidad doble

a) Flexibilidad mecánica, proporcionada por estar constituido por un sistema mecánico articulado que puede variar la posición de su extremo libre en el espacio, adoptando además una orientación espacial deseada.

b) Flexibilidad de programación, debida a que su configuración espacial está controlada por un computador, y por lo tanto puede ser cambiada fácilmente con solo cambiar el programa. La movilidad del manipulador es el resultado de una serie de movimientos elementales, independientes entre sí, denominados grados de libertad del robot.

Los beneficios que se obtienen al implementar un robot de este tipo son:

- Reducción de la labor
- Incremento de utilización de las máquinas
- Flexibilidad productiva
- Mejoramiento de la calidad
- Disminución de pasos en el proceso de producción
- Mejoramiento de las condiciones de trabajo, reducción de riesgos personales
- Mayor productividad
- Ahorro de materia prima y energía
- Flexibilidad total

Análisis de la necesidad de un robot

Cuando la longitud total de la línea de un proceso es lo más corta posible y los puntos de almacenamiento son los menos posible, el propósito de instalación de un Robot es la manipulación de piezas no muy disímiles entre sí.

Para considerar la factibilidad de su instalación debe responderse a una serie de preguntas, a saber:

1. ¿Cuál es la producción anual de la pieza en particular o piezas?
2. ¿Pueden estas piezas almacenarse?
3. ¿Cuál es el tiempo disponible para el manipuleo?
4. ¿Puede un nuevo layout de máquinas dar alojamiento al Robot?
5. ¿Hay lugar disponible en la máquina o máquinas que intervienen en el proceso para alojar la mano del Robot y la pieza?
6. ¿Qué dotación de personal de operación y supervisión será necesaria?
7. ¿Es la inversión posible?

Cada pregunta es entendida a continuación:

-Producción anual: Cuando se deben producir piezas variadas, estas deben ser de características similares y la producción de cada lote como mínimo debe ocupar un período de tiempo razonable.

-Almacenamiento: Para la obtención de un flujo automático de material se deben almacenar piezas antes y después del grupo de máquinas que serán servidas por el Robot. Las piezas pueden almacenarse en transportadores paso a paso, o en cajas de nivel regulable. Las plataformas inclinadas, alimentación y salida por gravedad, suelen emplearse en casos sencillos. El tamaño del almacén depende de la tasa de producción. El operador que inspecciona las piezas puede llenar y vaciar las cajas de almacenamiento.

-Tiempo de manipuleo: El tiempo de maniobra requerido es determinado por la longitud total del camino y la máxima velocidad del Robot. La mayoría de los Robots neumáticos, hidráulicos y eléctricos tienen velocidades máximas aproximadas a los 0,7 metros por segundo y desplazamientos angulares de 90º por segundo. Sin embargo cuando se trata de un Robot neumático debe tenerse presente que la variación de velocidad con la carga es muy grande; y esto es particularmente importante cuando un Robot de este tipo está equipado con dos manos, ya que en el momento en que estas estén ocupadas la carga será el doble. El tiempo anual de manipuleo puede ser calculado, cuando se compara el Robot con la labor total en igual período, pero no es posible hacerlo mediante la comparación con el tiempo de manipulación de una sola pieza.

-Layout (diseño) de máquinas: Básicamente el layout puede ser circular o lineal. En una disposición circular un Robot sirve a varias máquinas sin que las piezas se acumulen entre ellas. En un layout lineal cada Robot sirve a una máquina en la línea y las piezas van siendo reunidas en transportadores entre máquinas. Un transportador de almacenamiento debe ser capaz de tomar el total de la producción de una máquina durante el cambio de herramienta. En esta disposición la producción es mayor que en el sistema circular. Muchos layouts requieren versiones especiales de Robots con grados de libertad adicionales demandadas por el proceso.

-Accesibilidad: La mano del Robot está diseñada generalmente para un movimiento de entrada lateral, para lo cual es necesario disponer de espacios entre la herramienta y el punto de trabajo.

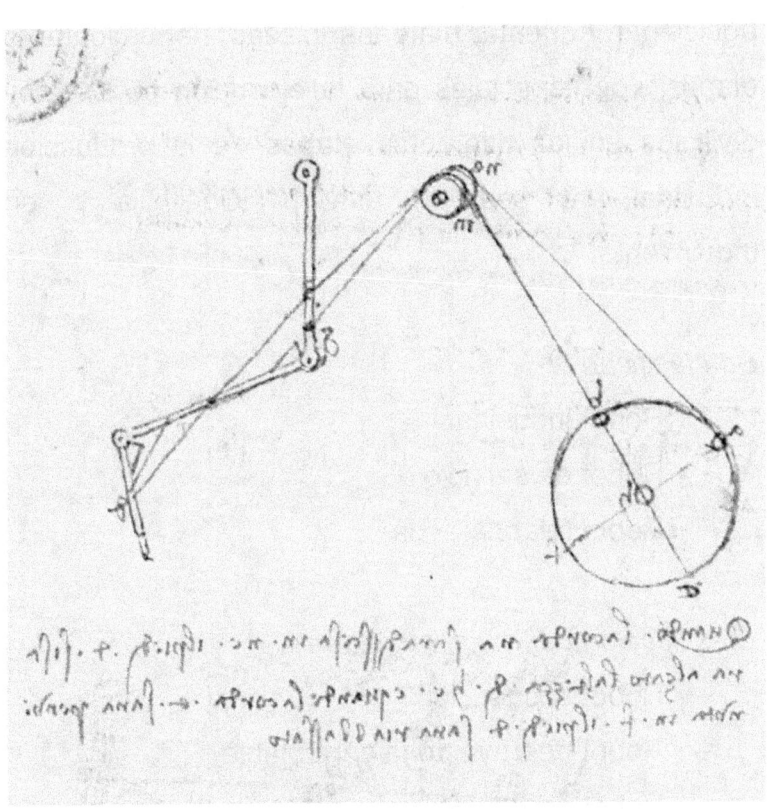

Esquema brazo robot Leonardo Da Vinci

Definición y clasificación del robot

Por robot industrial de manipulación se entiende a una máquina de manipulación automática reprogramable y multifuncional con tres o más ejes que pueden posicionar y orientar materias, piezas, herramientas o dispositivos especiales para la ejecución de trabajos diversos en las diferentes etapas de la producción industrial, ya sea en una posición fija o en movimiento.

Se clasifican en:
- Robot industrial
- Robot de servicio
- Robot teleoperados

Clasificación del robot industrial
- Robot secuencial
- Robot de trayectoria controlable
- Robot adaptativo
- Robot telemanipulado

Robots de servicio y teleoperados

Los Robots de servicio pueden definirse como dispositivos electromecánicos móviles, dotados de uno o varios brazos independientes controlados por un programa de ordenador y que realizan tareas no industriales.

Los Robots teleoperados son dispositivos robóticos controlados remotamente por un humano.

Un Robot está formado por los siguientes elementos:

- Estructura mecánica (eslabones + articulaciones).
- Transmisiones, (reductores o accionamiento directo).
- Sistema de accionamiento (actuadores [neumáticos hidráulicos o eléctricos].
- Sistema sensorial [posición velocidad presencia].
- Sistema de control.
- Elementos terminales.

Estructura mecánica

Mecánicamente un robot está formado por una serie de elementos o eslabones unidos mediante articulaciones que permiten un movimiento relativo entre cada dos eslabones consecutivos. Cada uno de los movimientos independientes que puede realizar cada articulación con respecto a la anterior se denomina grado de libertad GDL. El número de GDL del robot viene dado por la suma de los GDL de cada articulación que lo componen. Las articulaciones utilizadas son únicamente la prismática y la de rotación, con un solo GDL cada una. Para posicionar y orientar un cuerpo en el espacio son necesarios 6 parámetros [3 de posición + 3 de orientación], es decir 6 GDL; pero en la práctica se utilizan 4 ò 5 GDL por ser suficientes. Otros casos requieren más de 6 GDL para tener acceso a todos los puntos. Cuando el número de GDL es mayor que los necesarios, se dice que el robot es redundante.

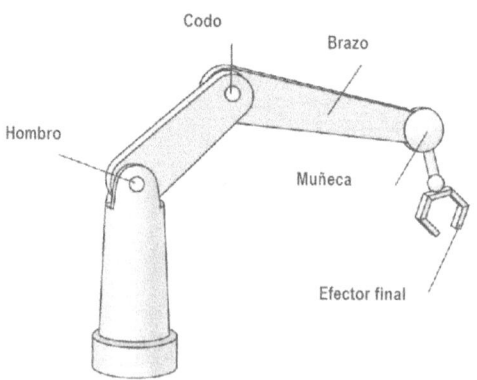

Articulación robot. Partes

Transmisiones y reductores

Transmisiones

Las transmisiones son los elementos encargados de transmitir el movimiento desde los actuadores hasta las articulaciones. Dado que el robot mueve su extremo con aceleraciones elevadas, es de gran importancia reducir al máximo su momento de inercia, para ello, los actuadores están lo más cerca posible de la base del robot, lo que obliga a utilizar sistemas de transmisión que trasladen el movimiento hasta las articulaciones. También pueden ser utilizadas para convertir movimiento lineal en circular o viceversa.

Características básicas de un buen sistema de transmisión:

- Tamaño y peso reducidos.
- Evitar holguras.
- Deben tener gran rendimiento.
- No afecte al movimiento que transmite.
- Sea capaz de soportar un funcionamiento continuo a un par elevado incluso a grandes distancias.

Las transmisiones más habituales son las que cuentan con movimiento circular tanto a la entrada como a la salida. (Engranajes correas).

Reductores

Son los encargados de adaptar el par y la velocidad de salida del actuador a los valores adecuados para el movimiento de los elementos del robot. A los reductores utilizados en robótica se les exigen unas condiciones de funcionamiento muy restrictivas por las altas prestaciones que se les exigen en cuanto a precisión y velocidad de posicionamiento.

Características:

- Bajo peso y tamaño.
- Bajo rozamiento.
- Capaces de realizar una reducción elevada de velocidad en un único paso.
- Deben minimizar su momento de inercia.
- Tienen una velocidad máxima de entrada admisible.
- ·Deben soportar elevados pares puntuales. (continuos arranques y paradas).

- El juego angular debe ser lo menor posible (giro del eje de salida sin que gire el de entrada).
- Alta rigidez torsional (par que hay que aplicar al eje de salida para que bloqueado el de entrada gire un ángulo unitario).

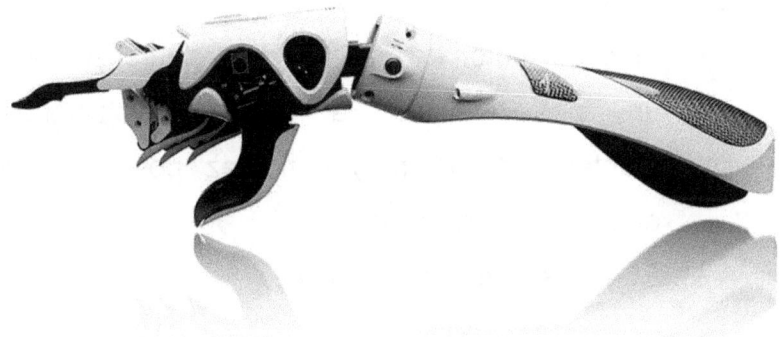

Detalle brazo y mano de robot

- *Accionamiento directo*

En el accionamiento directo el eje del actuador se conecta directamente a la articulación, sin utilización de reductores intermedios, ya que éstos introducen defectos negativos como juego angular, rozamiento que impiden alcanzar la precisión y velocidad requeridas.

Ventajas:
- Posicionamiento rápido y preciso pues evitan los rozamientos de transmisiones y reductores.
- Mayor control del sistema a costa de una mayor complejidad.
- Simplifican el sistema mecánico al eliminarse el reductor.

Inconvenientes:
- Tipo de motor a emplear ya que necesitamos un par elevado a bajas revoluciones manteniendo la mayor rigidez posible, que encarecen el sistema.
- Suelen ser del tipo SCARA.

Actuadores

Generan el movimiento de los elementos del robot según las órdenes dadas por la unidad de control.

- *Actuadores neumáticos*

La fuente de energía es aire a presión.

Tipos
- De cilindros neumáticos.

   -De simple efecto.- Se consigue el desplazamiento en un solo sentido, como consecuencia del empuje del aire a presión, mientras que en el otro sentido se desplaza por el efecto de un muelle recuperador.

-De doble efecto.- El aire empuja al émbolo en las dos direcciones, persiguiendo un posicionamiento en los extremos del mismo, y no un posicionamiento continuo (esto puede conseguirse mediante una válvula de distribución).

-De motores neumáticos.- Se consigue el movimiento de rotación de un eje mediante aire a presión.

Tipos:

- De aletas rotativas.- Son aletas de longitud variable, que al entrar el aire en uno de los dos compartimentos tienden a girar en el sentido del que tenga mayor volumen.
- De pistones axiales.- Tienen un eje de giro solidario a un tambor que se ve obligado a girar por las fuerzas que ejercen varios cilindros apoyados sobre un plano inclinado.

- *Actuadores hidráulicos*

Se utilizan aceites minerales a presión. Son muy similares a los neumáticos.

Tipos:
- Cilindro
- Aletas
- Pistones

Ventajas:

1. Se obtiene una mayor precisión que en los neumáticos.

2. Es más fácil realizar un control continuo.

3. Permiten desarrollar elevadas fuerzas.

4. Presentan estabilidad frente a cargas estáticas.

5. Son autolubricantes.

Inconvenientes:

1. Las elevadas presiones propician fugas de aceite.

2. Necesitan instalaciones más complicadas que los neumáticos y eléctricos.

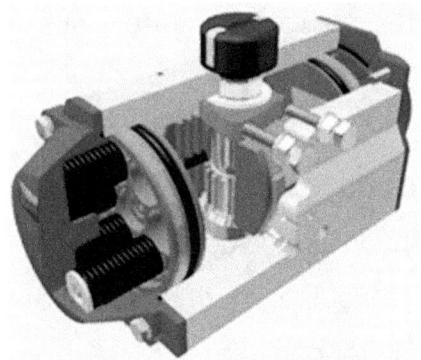

Actuador neumático de giro

- *Actuadores eléctricos*

    -Motores de corriente continua

    Son los más utilizados debido a su facilidad de control. Se componen de dos devanados internos:

    - Inductor.- Situado en el estator, es el encargado de crear un campo magnético de excitación.
    - Inducido.- Situado en el rotor, hace girar al mismo debido a la corriente que circula por él y del campo magnético de excitación. Recibe corriente del exterior a través del colector de delgas.

Para poder transformar la energía eléctrica en mecánica de forma continua es necesario que los campos magnéticos del estator y el rotor permanezcan estáticos entre sí (campos en cuadratura).

Tipos:

- Controlado por inducido.- Al aumentar la tensión del inducido se aumenta la velocidad de la máquina, permaneciendo la intensidad del inductor constante.
- Controlado por excitación.- Tensión de la inducida constante variando corriente de excitación. Es menos estable.

Para mejorar el comportamiento de este tipo de motores, el campo de excitación se genera mediante imanes permanentes que evitan fluctuaciones del mismo, aumentando los problemas de calentamiento por sobrecarga.

Los motores DC son controlados mediante referencias de velocidad generadas por una unidad de control y electrónica específica.

Presentan el inconveniente del mantenimiento de escobillas, para evitarlo se han desarrollado unos motores sin escobillas: brushless.

-Motores paso a paso

Existen tres tipos:

- De imanes permanentes. Poseen una polarización magnética constante. El rotor gira para orientar sus polos respecto al estator.
- De reluctancia variable. El rotor está formado por un material ferromagnético que tiende a orientarse con el campo generado por el estator.
- Híbridos.- Combinan los dos anteriores.

La señal de control son los trenes de pulsos que van actuando rotativamente sobre una serie de electroimanes dispuestos en el estator, por cada pulso recibido el rotor del motor gira un número determinado de grados.

Para conseguir el giro del motor un número determinado de grados, las bobinas del estator deben ser excitadas secuencialmente a una frecuencia que determina la velocidad de giro.

Ventajas:

- Funcionamiento simple y exacto.
- Pueden girar de forma continua y velocidad variable.
- Ligeros fiables y fáciles de controlar.

Inconvenientes:

- El funcionamiento a bajas revoluciones no es suave.
- Sobrecalentamiento a velocidades elevadas.

- Potencia nominal baja.

-Motores de corriente alterna

Presentan una mayor dificultad de control que los motores DC. Sin embargo las mejoras introducidas en las máquinas síncronas hacen que se presenten como un claro competidor de los DC debido a:

No tienen escobillas.

Usan convertidores estáticos que permiten variar la frecuencia con facilidad y precisión.

Emplean microelectrónica que permite una gran capacidad de control El inductor se sitúa en el rotor y está constituido por imanes permanentes, mientras que el inducido, situado en el estator, está formado por tres devanados iguales desfasados 120º eléctricos, y se alimenta de tensión trifásica.

La velocidad de giro depende de la frecuencia de la tensión que alimenta el inducido, ésta frecuencia se controla a través de un convertidor de frecuencia.

Dispone de unos sensores de posición para evitar la pérdida de sincronismo, manteniendo en todo momento el ángulo entre rotor y estator (autopilotados).

Ventajas sobre los DC:

- No presentan problemas de mantenimiento por no tener escobillas.

- Tienen una gran evacuación del calor por estar el bobinado pegado a la carcasa desarrollan potencias mayores Inconvenientes:

- Presentan una mayor dificultad de control que los motores DC.

Sensores internos

Para conseguir que un robot realice su tarea con precisión, velocidad e inteligencia, es necesario que disponga de información de su estado (sensores internos) y del estado de su entorno (sensores externos).

- *Sensores de posición*

Codificadores angulares de posición (encoders)

Los codificadores ópticos o encoders incrementales constan de:

- Un disco transparente con una serie de marcas opacas colocadas radialmente y equidistantes entre sí.

- Un sistema de iluminación en el que la luz es colimada (proceso de hacer paralelos dos rayos de luz entre sí) de forma correcta.

- Un elemento fotoreceptor

El eje cuya posición se quiere medir va acoplado al disco transparente, de tal forma, que a medida que gira se generan pulsos en el receptor a medida que la luz atraviese cada marca, y llevando una cuenta de estos pulsos, se puede conocer la posición exacta del eje.

Para saber si el giro se realiza en un sentido o en otro, se dispone de otra serie de marcas desplazada de la anterior de manera que el tren de pulsos que se genere estará desplazado 90 º respecto al generado por la primera marca.

Es necesario disponer de una marca de referencia para el conteo de vueltas o el inicio.

La resolución de éste tipo de sensores depende del número de marcas. Los codificadores o encoders absolutos se componen de las mismas partes que los anteriores, solo que en éste caso, el disco transparente se divide en un número determinado de sectores, codificándose cada uno de ellos según un código binario cíclico, de ésta forma cada posición se codifica de forma absoluta, y no es necesario el conteo. Su resolución es fija y viene determinada por el número de anillos del disco graduado.

Tienen como inconvenientes:

1. Normalmente los sensores de posición se acoplan al eje del motor viéndose así afectado por el reductor, esto se soluciona:

· En los encoders absolutos: mediante encoders absolutos multivuelta auxiliares conectados mediante engranajes al principal.

· En el caso de los incrementales, se soluciona mediante un detector de presencia, denominado de sincronismo

2. Pueden presentar problemas mecánicos debido a la gran precisión que se debe tener en su fabricación

· Captadores angulares de posición (sincro-resolvers)

Se trata de captadores analógicos con resolución teóricamente infinita.

El funcionamiento de los resolvers se basa en la utilización de una bobina solidaria al eje y por dos bobinas fijas situadas a su alrededor. El giro de la bobina fija hace que el acoplamiento con las bobinas fijas varíe, consiguiendo que la señal resultante en éstas dependa del seno del ángulo de giro.

El funcionamiento de los sincros es análogo al de los resolvers, excepto que las bobinas fijas forman un sistema trifásico en estrella.

Para poder tratar el sistema de control la información de sincros y resolvers, es necesario convertir las señales analógicas en digitales.

Ambos captadores son de tipo absoluto, destacando como ventajas:

- Robustez mecánica.

- Inmunidad a la contaminación, humedad, ruido, altas temperaturas.

- Reducido momento de inercia.

Inconveniente: dependen de una electrónica asociada que limita la precisión.

· Sensores lineales de posición (LVDT e Inductosyn)

LVDT su funcionamiento se basa en la utilización de un núcleo de material ferromagnético unido al eje cuyo movimiento se quiere medir, éste núcleo se mueve linealmente entre un devanado primario y dos secundarios, haciendo con su movimiento que varíe la inductancia entre ellos (aumenta en uno mientras disminuye en el otro).

Ventajas:

- Poco rozamiento

- Elevada resolución
- Alta linealidad
- Gran sensibilidad
- Respuesta dinámica elevada

Inductosyn: su funcionamiento es similar al resolver con la diferencia de que el rotor se desplaza linealmente sobre el estator.

- *Sensores de velocidad*

La información de la velocidad de movimiento de cada actuador se realimenta a un bucle de control analógico implementado en el propio accionador del elemento motor. El captador utilizado es una tacogeneratriz que proporciona una tensión proporcional a la velocidad de giro.

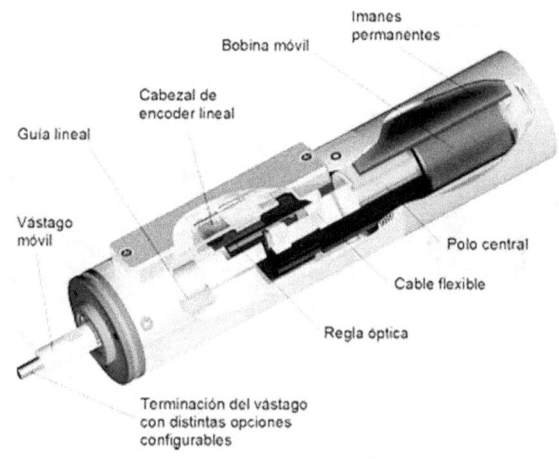

Actuador eléctrico. Detalle

- *Sensores de presencia*

Es capaz de detectar la presencia de un objeto dentro de un radio de acción determinado. La detección puede hacerse con contacto (interruptores) o sin contacto.

- Inductivos, detectan presencia o cuentan objetos metálicos.
- Capacitivos, detectan presencia o cuentan objetos no metálicos presentan inconvenientes en ambientes húmedos.
- Efecto hall, detectan presencia de objetos ferromagnéticos.
- Célula reed.
- Óptico, pueden detectar la reflexión del rayo proveniente del objeto.
- Ultrasonidos.

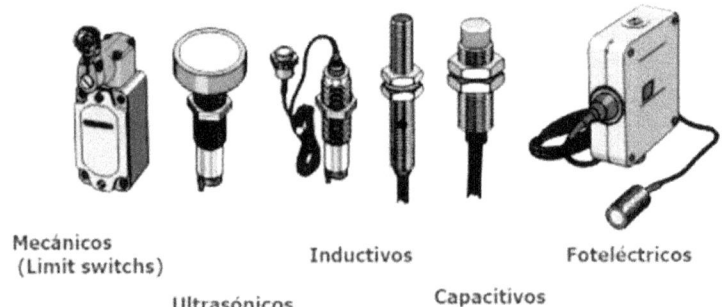

Tipos de sensores

Elementos terminales

Son los encargados de interaccionar directamente con el entorno del robot. Pueden ser tanto elementos de aprehensión como herramientas, en muchos casos diseñadas para cada tipo de trabajo.

El accionamiento neumático es el más utilizado por ofrecer ventajas en simplicidad aunque presentan dificultades en posicionamientos intermedios.

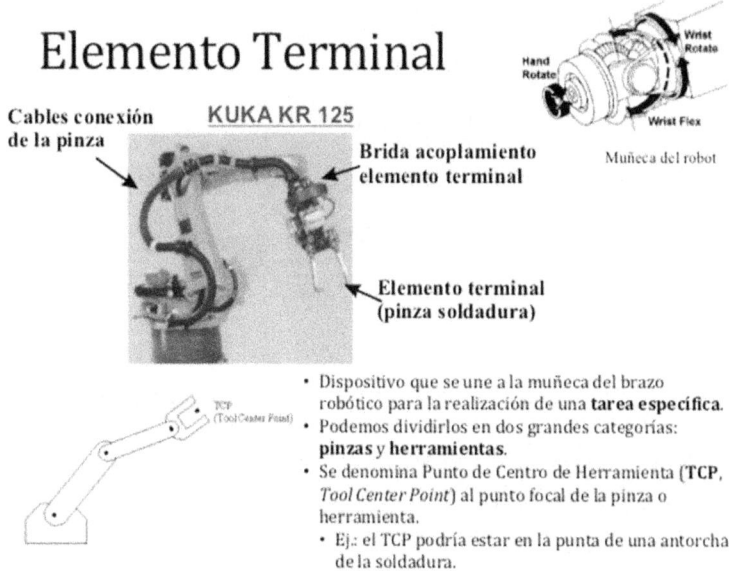

Ejemplo de un elemento terminal

Aplicaciones industriales de los robots

- *Trabajos en fundición*

Con molde: En este proceso el material usado está en estado líquido, y es inyectado a presión en el molde, que está formado por dos mitades que se mantienen unidas durante la inyección del metal mediante la presión ejercida por dos cilindros; una vez que la pieza se ha solidificado se extrae del molde y se enfría para su posterior desbarbado.

Características de los robots
- Las cargas suelen ser medias o altas.
- No se necesita gran precisión.
- Necesitan un campo de acción grande.
- Estructura polar y articular.
- Sistema de control sencillo.

Con cera perdida

En este proceso el robot puede realizar las tareas de formación del molde de material refractario, a partir del modelo de cera.

- *Soldadura*

Soldadura por puntos: En este proceso dos piezas metálicas se unen en un punto por la fusión conjunta de ambas partes, para conseguirlo se hace pasar una corriente eléctrica de elevada intensidad a través de dos electrodos que sujetan las piezas que se desean unir con una presión y durante un tiempo determinado.

Este proceso admite dos posibles soluciones en función del tamaño peso y manejabilidad de las piezas:
- Transporte de la pieza a los electrodos fijos.
- Transporte le la pinza de soldadura a la pieza.

Características de los robots
- Capacidad de carga elevada.
- 5 o 6 GDL.

Soldadura por arco: Se unen dos piezas mediante el aporte de un flujo de material fundido procedente de un electrodo. Un arco eléctrico entre la pieza a soldar y el electrodo, funden este último.

Tipologías de los robots:
- No precisan gran capacidad de carga.
- Amplio radio de acción.
- 5 o 6 GDL.

- *Pintura*

Este proceso consiste en cubrir una superficie de forma homogénea mediante pintura proyectada con aire comprimido y pulverizada mediante una pistola.

Tipos de los robots:
- Ligeros.
- 6 o más GDL.
- Requieren método de programación por guiado pasivo [directo o maniquí] y trayectoria continua.

- *Aplicación de adhesivos*

Siguiendo la trayectoria programada, se proyecta la sustancia adhesiva que se solidifica al contacto con el aire.

Se necesita una trayectoria precisa con una sincronización entre la velocidad y el caudal del material suministrado por la pistola.

Tipologías de los robots:
- Robot suspendido, habitualmente.
- Trayectoria continua.
- Capacidad de integrar la regulación del caudal acorde con la velocidad.

- *Alimentación de máquinas*

Alimentación de máquinas especializadas por su peligrosidad.

Características de los robots:
- Baja complejidad, precisión media.
- Reducidos GDL.
- Control sencillo.
- Campo de acción grande.

- *Procesado*

Se engloban en esta tarea las operaciones en las que el robot enfrenta pieza y herramienta para conseguir una modificación en la forma de la pieza.

Destaca el desbarbado que consiste en la eliminación de las rebabas.

Tipos de los robots:
- Se precisan robots con capacidad de control y trayectoria continua.
- Buena precisión y control de velocidad.
- Sensores para adaptarse a la pieza.

- *Corte*

Los métodos más empleados son oxicorte, plasma, láser y chorro de agua, dependiendo de la naturaleza del material a cortar. En todos ellos, el robot transporta la boquilla por la que se emite el material de corte, proyectando este sobre la pieza al mismo tiempo que se sigue una trayectoria determinada.

El corte por chorro de agua puede aplicarse a alimentos, PVC, fibra de vidrio obteniéndose las siguientes ventajas:

- No provoca aumento de temperatura en el material.
- No contamina.
- No provoca cambios de color.
- No altera las propiedades de los materiales.
- Coste de mantenimiento bajo.

Características de los robots:

- Trayectoria continua.
- Elevada precisión.
- Envergadura media.
- Robot suspendido.

- *Montaje*

Por la gran precisión y habilidad que se exige, presentan muchas dificultades para su automatización. Requiere además del robot una serie de elementos auxiliares cuyo coste es superior o similar al propio robot.

Características de los robots:
- Gran precisión y repetitividad.
- No es preciso que manejen grandes cargas.

- *Paletización*

Consiste en poner piezas sobre plataformas o bandejas

Características de los robots:
- Manejo de grandes cargas.

- *Control de calidad*

El robot participa en esta tarea usando en su extremo un palpador para realizar el dimensionado de las piezas fabricadas. También transporta aparatos de medida para localizar defectos en las piezas.

- *Manipulación en salas blancas*

Se utilizan en procesos que deben ser realizados en procesos extremadamente limpios.

- *Robots de servicios*

Es un dispositivo electromecánico móvil o estacionario, con uno o más brazos mecánicos, capaces de acciones independientes. Se utilizan en sectores como agricultura, medicina, industria nuclear, submarinos, ayuda a discapacitados, construcción, domésticos, entornos peligrosos, espacio, minería. Estos robots cuentan con un mayor grado de inteligencia que se traduce en el empleo de sensores, y software específico para la toma de decisiones. También es frecuente que cuenten con un mando remoto, teleoperados.

- *Industria nuclear*

Inspección de tubos del generador de vapor de un reactor nuclear: Debido al riesgo de exposición a la radiación, surge la necesidad de utilización de sistemas robotizados, para ello puede utilizarse un robot de desarrollo específico que introducido en la vasija posicione una sonda en la boca de cada tubo, proporcionando información sobre el mismo.

Manipulación de residuos radiactivos: Debido a la cantidad de residuos que proporciona la industria nuclear, es necesario el uso de telemanipuladores o sistemas con mando remoto para posicionarlos o incluso fragmentarlos.

- *Medicina*

Microcirugía: Con ayuda de un escáner, un ordenador registra la información suficiente sobre el cerebro para que el equipo médico decida donde realizar la incisión. El robot decide que tanto la incisión como la toma de muestras se realicen con la máxima precisión y en un tiempo inferior al habitual. Además se ofrecen campos como la telecirugía y el telediagnóstico.

- *Construcción*

Las condiciones existentes en la construcción, hacen posible la implantación de robots, en algunos casos parcialmente teleoperados, siendo posible en los siguientes campos:

Operaciones de colocación de elementos
- Construcción de estructuras básicas.
- Posicionamiento de piezas grandes y pesadas.
- Soldaduras en la estructura.

Operaciones de tratamiento de superficies
- Pulido.
- Pintura.

- Extensión de material sobre la superficie.

Operaciones de rellenado
- Encofrados.
- Excavación.
- Rellenado.

Otras
- Inspección y control.

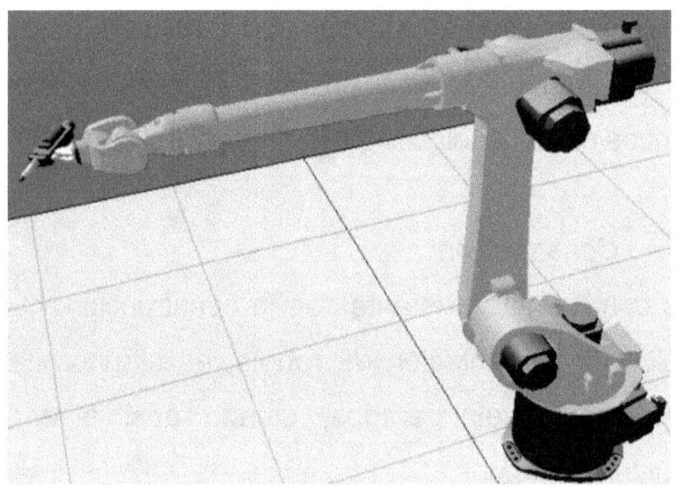

Robot soldador

En la clasificación por la geometría (llamada también por las coordenadas) tenemos:

-Cilíndricos: cada eje es de revolución total (o casi) y está encajado en el anterior.

-Esféricos: hay ejes de rotación que hacen pivotar una pieza sobre otra.

-De paralelogramo: La articulación tiene una doble barra de sujeción.

-Mixtos: poseen varios tipos de articulación, como los SCARA.

-Cartesianos: las articulaciones hacen desplazar linealmente una pieza sobre otra.

Clasificación por el método de control

-No servo-controlados: son aquellos en los que cada articulación tiene un número fijo (normalmente, dos) posiciones con topes y sólo se desplazan para fijarse en ellas. Suelen ser neumáticos, bastante rápidos y precisos.

-Servo-controlados: en ellos cada articulación lleva un sensor de posición (lineal o angular) que es leído, y enviado al sistema de control que genera la potencia para el motor. Se pueden así parar en cualquier punto deseado.

-Servo-controlados punto a punto: Para controlarlos sólo se les indican los puntos iniciales y finales de la trayectoria; el ordenador calcula el resto siguiendo ciertos algoritmos. Normalmente pueden memorizar posiciones.

Clasificación por la función

-De producción, usados para la manufactura de bienes, pueden a su vez ser de manipulación, de fabricación, de ensamblado y de test.

-De exploración, usados para obtener datos acerca de terreno desconocido, pueden ser de exploración terrestre, minera, oceánica, espacial, etc.

-De rehabilitación: usados para ayudar a discapacitados, pueden ser una prolongación de la anatomía, o sustituir completamente la función del órgano perdido.

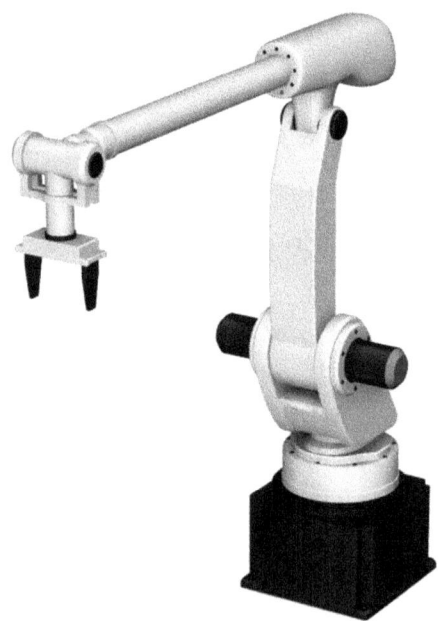

Robot manipulador

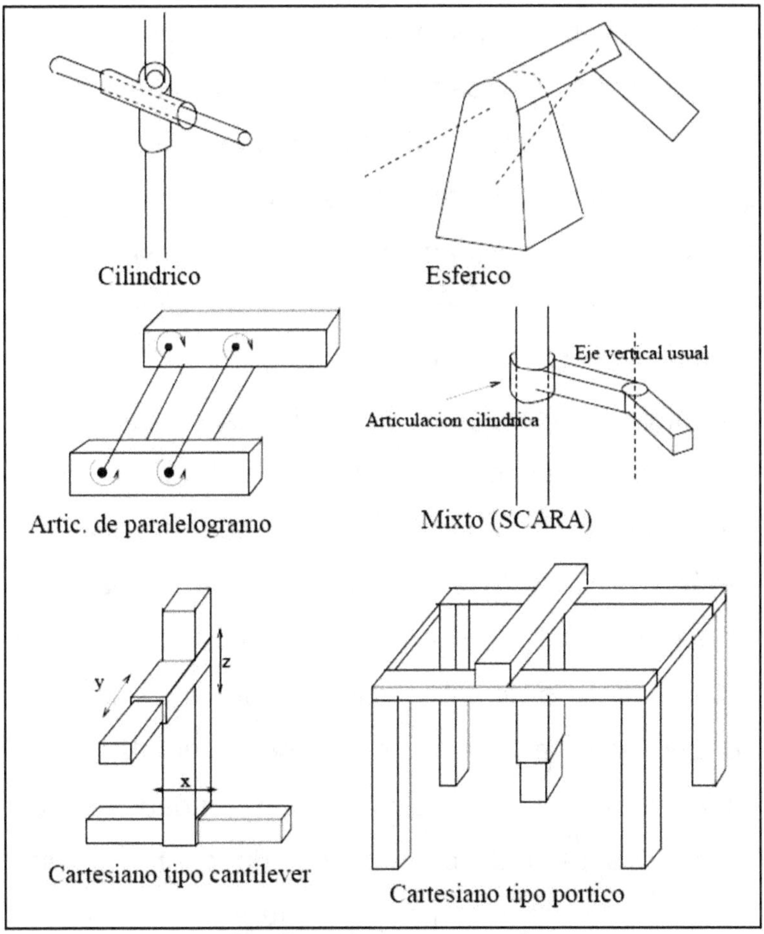

Clasificación por geometría

Componentes mecánicos de un robot

Definiciones, componentes y sus tipos

Un manipulador robótico consiste en una secuencia de cuerpos rígidos, llamados enlaces (links) que se conectan unos a otros mediante articulaciones (joints). Todos juntos forman una cadena cinemática. Se dice que una cadena cinemática es abierta si, numerando secuencialmente los enlaces desde el primero, cada enlace está conectado mediante articulaciones exclusivamente al enlace anterior, y al siguiente, excepto el primero, que se suele fijar al suelo, y el último, uno de cuyos extremos queda libre.

Cada articulación puede ser rotacional o traslacional, según el enlace dado gire alrededor de un eje fijo al enlace anterior, o se deslice sobre él en línea recta. Estos dos tipos de articulaciones son las principales, aunque hay más. Se define grado de libertad como cada una de las coordenadas independientes necesarias para describir el estado de un sistema mecánico. Normalmente, en cadenas cinemáticas abiertas, cada par enlace-articulación tiene un sólo grado de libertad, bien rotacional o traslacional, pero no necesariamente. Puede haber enlaces de longitud

0 (inexistentes), p.ej., cuando una articulación tiene dos o más grados de libertad que operan sobre ejes que se cortan.

Accesibilidad

Lo que debemos hacer con un manipulador es normalmente situar su punto terminal en el punto del espacio pedido por el usuario, haciendo además que la dirección por la que se aproxima a ese punto sea también una dada. En algunos manipuladores no todas las direcciones de aproximación son posibles.

Usando esta noción se dice que un punto del espacio es totalmente accesible si el punto terminal del manipulador puede situarse en él, en todas las orientaciones que su construcción mecánica en principio le permita. Es parcialmente accesible si el punto terminal puede alcanzarlos, pero no en todas las orientaciones con las que puede alcanzar otros puntos. De modo obvio, se define el espacio de accesibilidad total (en su caso, parcial) de un robot como el conjunto de todos los puntos del espacio totalmente (parcialmente) accesibles para ese robot.

La accesibilidad viene limitada por varios factores: de tipo geométrico (el punto está demasiado alejado para alcanzarlo, aun con el manipulador totalmente extendido), de tipo mecánico (unos enlaces del robot chocan con otros, impidiendo así el acceso a ciertas áreas) o de tipo constructivo (las articulaciones tienen límites a su movimiento, angular o lineal). Muy relacionado con el concepto de accesibilidad está el de manipulabilidad, que tiene que ver con la dificultad de controlar el robot para que acceda a ciertos puntos. Existen puntos llamados singularidades que, aun siendo accesibles, requieren ciertas precauciones para llevar el extremo del manipulador hasta ellos.

Robot para escritura

Robótica industrial *Ing. Miguel D'Addario*

Plano de robot industrial

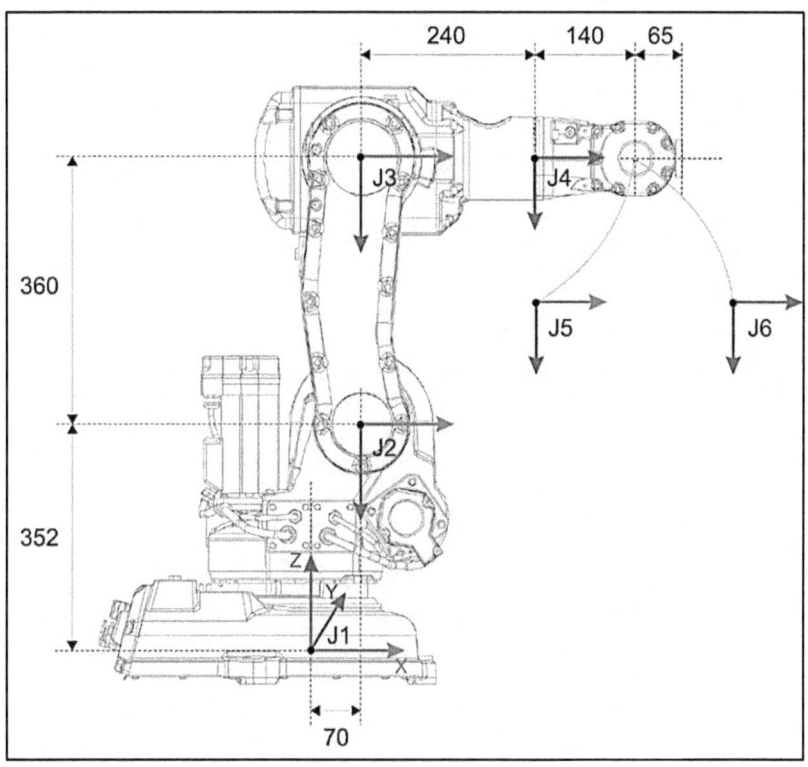

Nombre de la union	Movimien. relativos	Num. de g.l.	Simbolos (vistas lateral y frontal)	
Union empotra-miento	0 traslac. 0 rotac.	0	C2 ── C1	C1: cuerpo 1 C2: cuerpo 2
Union pivote (rotacional)	1 rotac. 0 traslac.	1	C1 ── C2	C1 ─○─ C2
Union deslizante (traslacional)	0 rotac. 1 traslac.	1	C2 ── C1	C2 ⊠ C1
Union deslizante helicoidal	1 rotac. y 1 traslac. conjugadas	1	C1 ── C2	C2 ⊚ C1
Union pivote deslizante	1 rotac. 1 traslac.	2	C2 ── C1	C2 ⊘ C1
Union apoyo plano	1 rotac. 2 traslac.	3	C2 ── C1	
Union rotula	3 rotac. 0 traslac.	3	C1 ─○─ C2	
Union lineal deslizante	2 rotac. 2 traslac.	4	C1 ─▱─ C2	C1 ─△─ C2
Union lineal anular	3 rotac. 1 traslac.	4	C2 ── C1	C2 ─◎─ C1
Union puntual	3 rotac. 2 traslac.	5	⊕	C1 ◁ C2
Union libre	3 rotac. 3 traslac.	6	No hay simbolo No hay contacto entre los dos cuerpos	

Tipo de articulaciones con el símbolo correspondiente

Mecánica de los robots

La formulación y las técnicas apropiadas para caracterizar mecánicamente el comportamiento de un brazo robot. El brazo, como cualquier otro cuerpo, está sometido a las leyes usuales de la mecánica, las cuales, expresadas en alguna formulación apropiada (Newton, Lagrange, etc.) deberán aplicársele para conocer cuál es su movimiento, o sus condiciones de reposo. Hay dos objetivos últimos, resultado de dicha aplicación: conocer la posición del punto terminal (o de cualquier otro punto) de un brazo robot respecto a un sistema de coordenadas externo y fijo (el sistema del mundo), y conocer cuál será el movimiento del brazo cuando los actuadores que lo controlan le apliquen determinadas fuerzas y momentos. El análisis mecánico de un robot puede hacerse bien atendiendo exclusivamente a sus movimientos, o bien a éstos y también a las fuerzas que actúan sobre él. Cuando se estudian exclusivamente los movimientos (posición y velocidad de cada articulación o del punto terminal) se dice que hacemos un estudio cinemático. Podemos pasar: Bien desde las coordenadas propias del robot (ángulos o longitudes de cada articulación) hasta las coordenadas cartesianas de posición y orientación del punto terminal (usualmente, (x; y; z) y tres ángulos. Esto se llama construir la cinemática directa, y existe un método sistemático para hacerlo, basado en la llamada formulación de Denavit-Hartenberg, que va a ser explicada con detalle inmediatamente. Bien desde las coordenadas cartesianas referidas a algún sistema externo fijo a las coordenadas propias del robot (ángulos o longitudes). En esto consiste hallar la cinemática inversa. No en todos los manipuladores existe una solución expresable analíticamente para este problema, y en la mayoría de los casos la solución no es única; también se verán a continuación métodos y ejemplos. Por otra parte, cuando se estudian las fuerzas y momentos que ejerce la carga transportada sobre la última articulación, así como las que ejercen los actuadores, y cada articulación sobre las contiguas, es posible determinar el movimiento, aplicando las leyes de la mecánica en cualquiera de sus formulaciones (Newton, Lagrange, D'Alembert). En esto consiste hacer un estudio dinámico; nosotros lo haremos usando la formulación de Newton. Para poder expresar de forma apropiada las ecuaciones que caracterizan estos fenómenos necesitamos conocer conceptos básicos de geometría que permitan expresar las transformaciones entre sistemas de coordenadas. De lo dicho antes, es también obvio que necesitaremos conceptos básicos de mecánica (las leyes de Newton). Cada uno de éstos sirve respectivamente para describir el estado del robot únicamente en términos de su movimiento (estudio cinemático), y en términos de las fuerzas y momentos que actúan sobre él (estudio dinámico). Finalmente, y si somos capaces de describir la posición y velocidad del brazo en cada instante, lo seremos igualmente de generar para él una trayectoria que cumpla requerimientos apropiados.

Conceptos básicos de geometría espacial
Sistemas de coordenadas
Sabemos que la posición de un punto en el espacio euclídeo tridimensional viene unívocamente determinada por tres cantidades, que llamamos sus coordenadas, y decimos que están expresadas en algún sistema de referencia, formado por tres ejes, usualmente rectilíneos. En lo sucesivo usaremos exclusivamente sistemas de referencia rectilíneos,

ortogonales (es decir, con sus tres ejes perpendiculares dos a dos), normalizados (es decir, las longitudes de los vectores básicos de cada eje son iguales) y dextrógiros (el tercer eje es producto vectorial de los otros dos). Usaremos, pues, simplemente el término "sistema" para referirnos a sistemas ortonormales y dextrógiros.

Sistema no ortogonal

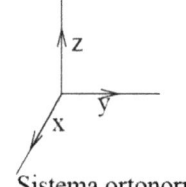

Sistema ortonormal dextrogiro: $\vec{x} \wedge \vec{y} = \vec{z}$

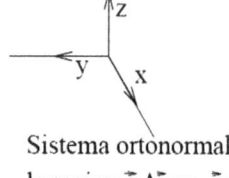

Sistema ortonormal levogiro: $\vec{x} \wedge \vec{y} = -\vec{z}$

Sensorización

Necesidad e importancia. Tipos

El desarrollo con éxito de la tarea de un robot depende absolutamente de que éste tenga información correcta y actualizada a un ritmo suficientemente rápido, de su propio estado y de la situación del entorno. En particular, deben conocerse posición, velocidad y aceleración de las articulaciones (al menos, una representación digital de estas magnitudes) para estar seguros de que el robot sigue una determinada trayectoria y también de que alcanza la posición final deseada en el instante requerido, y con la mínima o ninguna sobre oscilación. Los sensores que permitirán este conocimiento, así como en general todos aquellos que produzcan información sobre el estado del propio robot, serán llamados sensores internos.

Por otra parte, en la mayoría de las tareas es necesario conocer datos del mundo que rodea al robot, como distancias a objetos (o contacto con ellos), fuerza ejercida por la mano en las operaciones de prensión, o ejercida por objetos externos (su peso), etc. Este tipo de conocimiento se puede adquirir con dispositivos muy diferentes, desde los más simples (microinterruptores) a los más complejos (cámaras de TV). Todos estos sensores que dan información acerca de lo que rodea al robot serán llamados externos. La importancia de los procesos de sensorización en Robótica debiera ser obvia sin más que examinar el desarrollo de cualquier tarea mínimamente compleja. Sin sensores internos sería imposible establecer los lazos de realimentación (normalmente negativa) que se estudiarán en el tema 5, y que hacen posible el posicionado correcto. Sin sensores externos, cualquier evento inesperado bloquearía el robot, pudiendo dañarlo, y la imprecisión, siempre presente en las magnitudes que definen cualquier tarea (p. ej., las posiciones de las piezas) abortaría cualquier intento de ejecución fiable.

A continuación se detallan las clases de sensores

Sensores internos
- De posición.
- Eléctricos.
- Potenciómetros.
- Sincros y resolvers.
- El Inductosyn.
- Ópticos.
- Optointerruptores.
- Codificadores absolutos e incrementales.
- Sensores de velocidad.
- Eléctricos: Dinamos tacométricas.
- Ópticos: medición de velocidad con encoder.
- Acelerómetros.
- Sensores externos.
- De proximidad.
- De contacto: microinterruptores.
- Sin contacto físico.
- De reflexión lumínica (incluyendo infrarrojos).
- De fibra óptica.

- Scanners laser.
- De ultrasonidos.
- De corriente inducida.
- Resistivos.
- De efecto Hall.
- De tacto.
- De varillas.
- De fotodetectores.
- De elastómeros de conductividad.
- De presión neumática.
- De polímeros (piel artificial).
- De transferencia de carga.
- De fuerza.
- Por corriente en el motor.
- Por deflexión de los dedos.
- De visión.
- Cámaras de tubo.
- Cámaras lineales CCD.
- Cámaras usuales CCD.

Sensores de posición

Como su nombre indica, son los que dicen en qué posición, o, más exactamente, en qué punto de su recorrido permitido se encuentra una articulación. Según ésta sea rotacional o traslacional, el sensor deberá tener una estructura mecánica adaptada a la medición de ángulos o de distancias. Existen dos tipos fundamentales: eléctricos y ópticos. Entre los primeros destacan:

Potenciómetros: Consisten en un contacto que se mueve sobre un hilo de material resistivo (p. ej. Constantán) arrollado en espiral. La resistencia es proporcional a la cantidad de hilo desde el inicio hasta la posición del contacto móvil. El esquema es:

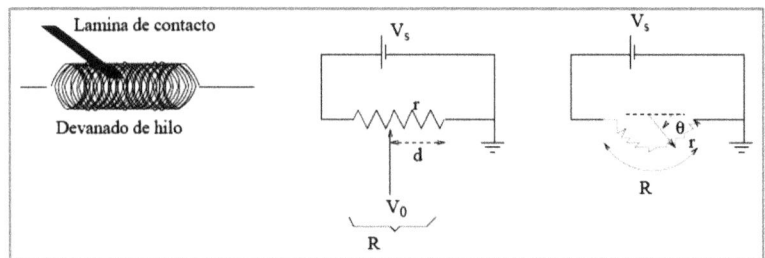

Esquema sensor potenciómetro

Sensores de posición de tipo óptico

Son los más usados, y entre ellos el ejemplo casi exclusivo son los codificadores (o encoders) ópticos de posición, que se basan en el principio del optointerruptor.

Optointerruptores: Son interruptores de final de carrera (es decir, no detectan cuál es la posición de la articulación, sino sólo si ésta ha llegado o no a un punto determinado de su recorrido, usualmente el tope). No usan contactos mecánicos, sino un fotodiodo (o fotoresistencia) y un LED (diodo emisor de luz) que emite frente a él. Al moverse la articulación un disco o tope acoplado con ella (o, más usualmente, con el motor) interrumpe la luz del LED, dando en el fotodiodo un flanco negativo que es detectado por la circuitería apropiada.

Hay versión tanto lineal como rotacional. En éste último caso tiene el problema de que no se conoce el sentido en que giraba el motor antes de llegar al punto de interrupción; esto puede ser un problema porque una articulación típica suele necesitar varias vueltas de motor para completar su recorrido. El disco puede tener una sola marca, o varias, y en este caso un circuito apropiado detendría el motor a cada una de ellas, llevando el robot a través de una secuencia de movimientos con detenciones en puntos establecidos. "Programar" este tipo de robots significa cambiar los discos por otros con las muescas apropiadas.

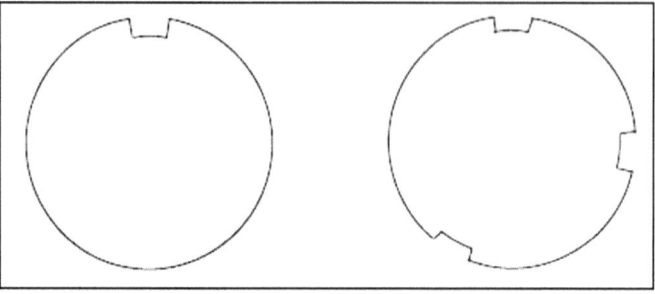
Discos con varias muescas

Codificadores ópticos: Se construyen como los microinterruptores, pero con numerosas muescas apropiadamente distribuidas.

Hay dos tipos fundamentales:
- Absolutos: El disco que gira está impreso de tal modo que resulta opaco en ciertas áreas, y éstas están dispuestas como sectores, de modo que para cada sector radial la alternancia de zonas claras y oscuras corresponda a un código binario asignado de modo único al sector. Cada uno de los "bits" de ese código es leído por un fotodiodo diferente que se encuentra cada vez más lejos del eje. La secuencia de asignación para sectores contiguos puede ser correlativa, o dar, p. ej., el número de sector en el código BCD.

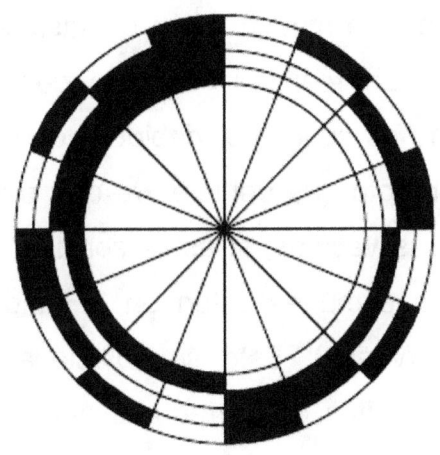

Disco de un codificador óptico absoluto de 16 sectores, 4 pistas

Tiene la ventaja de que "conserva" la lectura incluso sin corriente, de modo que al conectar el sensor se puede saber por lectura directa el sector en que se está. La resolución máxima en grados es, por supuesto, 360=No sectores, y el número de pistas (por tanto: de partes LED-fotodiodo) debe ser tal que No pistas = No sectores. Esto los hace caros y complejos, y por ello, no muy usados.

- Incrementales: De construcción similar a los anteriores, pero con sólo una pista que contiene muescas (o marcas opacas regulares) y dos pares LED-fotodiodo, colocados con una separación angular tal que las ondas cuadradas que cada uno genera cuando el eje se mueve estén desfasadas un cuarto de periodo. En realidad, la señal generada por el fotodiodo no es cuadrada, debido a que la transición no es lo abrupta que debiera, ya que puede recoger luz de estrías vecinas, si éstas son finas (de hecho, resoluciones comunes están en el rango de 200 a 1000 líneas/vuelta). Esto se soluciona pasando la señal por circuitos comparadores que generan un 1 lógico para tensiones mayores que un umbral, y 0 para las menores. Aparte, todo el dispositivo se encapsula herméticamente para evitar el polvo, suciedad e influencia de la luz ambiente.

Las ondas generadas son como se muestra en la figura.

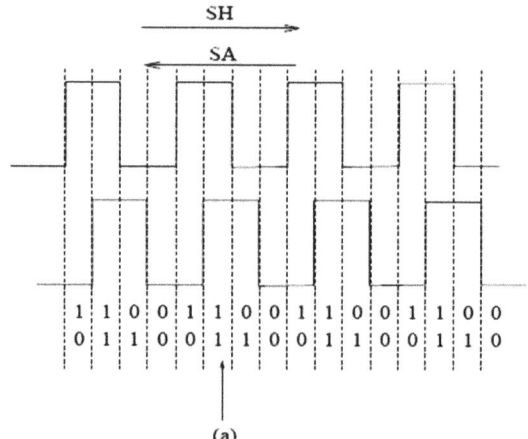

Ondas en los dos canales de un encoder incremental

- Oscilación: Cuando se levanta una carga a una cierta altura, el motor recibe corriente hasta que el codificador marque la posición deseada; pero al estar en ella, el sistema de control no debe mover más el motor, y por tanto no le envía corriente, con lo cual, por el propio peso de la carga, la articulación cae hasta la posición inferior del encoder (recuérdese que hay un error de 360/N grados) lo que da un señal de error de 1 pulso, que activa el motor de nuevo, y así sucesivamente. Esta oscilación se puede reducir aumentando la resolución del encoder, y se elimina si hay una cierta fricción, que amortigüe o elimine las oscilaciones (sistema sobre amortiguado). La eliminación total sólo se conseguiría haciendo control analógico sobre la "raw-signal" (la señal original de los encoders, antes de pasar por los comparadores). Otro problema está relacionado con la velocidad de cambio de la señal y el periodo de muestreo.

Sensores de velocidad

Como su nombre indica, miden la velocidad (normalmente, angular, puesto que suelen ser rotacionales) a la que gira la articulación a que se conectan. Existen dos tipos: eléctricos y ópticos.

Eléctricos: Sólo veremos un caso: el tacómetro o dinamo tacométrica, que es un dispositivo similar a un motor, que genera una tensión alterna de amplitud proporcional a la velocidad angular de giro. Se diseñan de tal modo que esta amplitud sea lo más lineal posible con la velocidad angular en el rango de uso. Suelen dar muy poca corriente (no es necesario que den más) dado que se usan pocas espiras en su bobinado, para que sean ligeros. Consisten en un devanado que gira perpendicularmente a un campo magnético creado (normalmente) por un imán permanente.

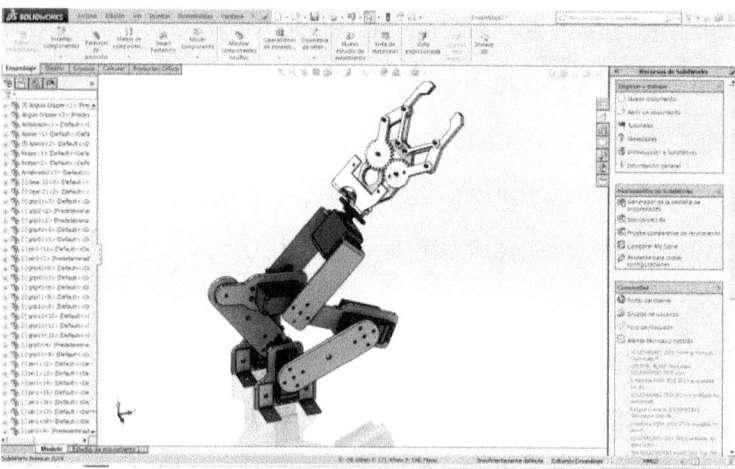

Diseño de partes de un robot

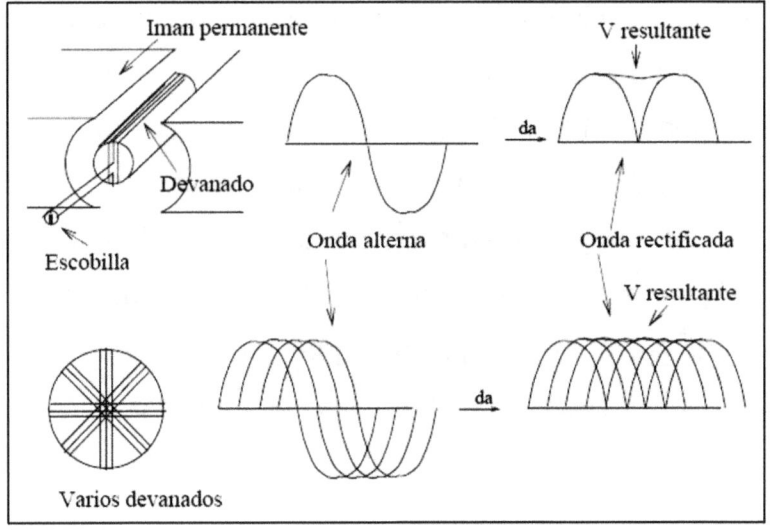

Dínamos tacométricas

Acelerómetros

Miden la aceleración del dispositivo al que van físicamente unidos, y se basan en la ley de Newton. Al mover el cuerpo con cierta aceleración "a", aparece sobre él una fuerza de inercia, $F = m_x a$, que puede ser medida con un resorte, usando la ley de Hooke, $F = k_x x$, siendo x el alargamiento del resorte y k su constante elástica. Para medir el alargamiento se puede a su vez usar un encoder lineal.

Este tipo de sensores se usa poco; generalmente, suelen ser para monitorizar problemas debidos a la falta de rigidez de los brazos. Deben tener cierto amortiguamiento para llegar pronto a la posición de equilibrio y no oscilar.

Recientemente han aparecido también acelerómetros de estado sólido, que constan de una base de silicio con estrías y un material conductor sobre él formando un condensador cuya capacidad varía de acuerdo a la distancia entre las placas, que cambia ligeramente cuando éstas se comban debido a la acción de la fuerza de inercia.

Sensores externos

Como se dijo, estos sensores dan información acerca de sucesos y estado del mundo que rodea al robot, es decir, monitorizan dinámicamente la relación de un robot con su entorno, y el desarrollo de la ejecución de una tarea. Idealmente, deben alterar lo menos posible el entorno que monitoricen.

Sensores de proximidad

Señalan la distancia entre el punto terminal (u otro punto) del robot, y otros objetos.

Pueden ser de contacto, o sin contacto físico.

-De contacto: Son simples microinterruptores colocados en cabeza del brazo, o en algún punto que se piense que puede chocar. Detienen o hacen retroceder el elemento cuando se activan. Pueden usarse para controlar cuándo una articulación llega a su límite, o a una posición dada. En este caso se llaman de fin de carrera.

Otro tipo de sensores con contacto físico son codificadores lineales acoplados a un vástago que se desliza sobre la superficie del objeto; si lo hace a velocidad constante, sirve para conocer el perfil del objeto por lectura sucesiva de su valor.

Sin contacto: Hay tres tipos, cada uno con varios ejemplos:

-De reflexión luminosa: Constan de una fuente de luz, una lente para focalizar la luz aproximadamente sobre el objeto, otra lente para concentrar la luz reflejada, y una fotoresistencia, que medirá la intensidad de luz recibida. Esta está relacionada con la distancia al objeto, pero también con la intensidad a través de la fotoresistencia (a tensión constante), lo cual relaciona indirectamente a ésta con la distancia según una gráfica. Aparecen tres problemas con este dispositivo: el primero es que hay dos puntos a diferente distancia que dan la misma intensidad (los que se encuentran a un lado y al otro del punto focal de la lente). Esto se resuelve usando otro sensor, o viendo si la señal crece o decrece al avanzar. El segundo problema es que son sensibles a las variaciones de la luz ambiente y de la temperatura. Esto se resuelve mandando la luz no de modo continuo, sino pulsante, a una frecuencia de unos 6KHz. En este caso de la señal recibida se puede filtrar la componente interesante y ver su amplitud. El último problema es que la intensidad reflejada depende de la naturaleza del material. Esto no se puede evitar del todo; se intenta paliar usando luz infrarroja. Esto hace que se usen más como aviso (de un modo similar a un micro interruptor, pero sin contacto) que como medidores de distancia absoluta.

-De fibra óptica: La fibra óptica es fibra de vidrio que conduce la luz basándose en el fenómeno de la refracción y el ángulo límite. Cuando la luz incide en la superficie de separación de dos medios viniendo desde el que tiene mayor índice de refracción hacia el que lo tiene menor, si incide con un ángulo más pequeño que cierto valor (el llamado ángulo límite) pasa al segundo medio, refractándose. Pero si lo hace con ángulo mayor, se refleja de nuevo hacia el interior del primer medio. Un conjunto de reflexiones sucesivas pueden "conducir un rayo de luz por el interior de un tubo de vidrio de geometría apropiada. A partir de este principio se pueden construir sensores de distancia (o de presencia de objeto) de tres tipos: de corte del haz, en el que el objeto intersecta el haz entre dos cabos de la fibra óptica, si está allí; de retro reflector, en el que el mismo cabo de fibra óptica emite y recibe el rayo de luz reflejado por un catadióptrico, y de reflexión difusa, igual que el anterior, pero en el que la reflexión la realiza la propia superficie del objeto. Todos ellos son sensibles a los mismos problemas que el tipo anterior, y por ello también se usan más como detectores de presencia que para medir distancias.

-Sensores laser: Se basan en dos espejos perpendiculares acoplados a motores eléctricos que permiten reflectar un láser de modo que apunte en cualquier dirección deseada del espacio. Para usarlos hay que mover el láser barriendo la superficie con velocidad angular constante. Además, se sitúa un dispositivo colimador apuntando en una dirección conocida, y se observa cuándo el punto brillante que el láser marca en la superficie del objeto se observa precisamente en esa dirección. De acuerdo al tiempo que el punto laser ha tardado en pasar por ella se determina la distancia de la superficie al colimador. Otro montaje alternativo usa una lente cilíndrica, que abre el rayo dando una cortina o lámina de luz, que incide perpendicularmente a una cinta transportadora que desplaza al objeto sobre ella. Dos cámaras colocadas con sus ejes ópticos apuntando al punto central y formando ángulos de 45º con el plano horizontal recogen imágenes donde aparecen líneas brillantes sobre el perfil del objeto, a distintas posiciones dependiendo de su altura.

-Sensores de ultrasonidos: Estos son uno de los tipos más usados de sensores de distancia sin contacto físico. Se basan en emitir pulsos de ultrasonidos, y medir el tiempo de vuelo entre la emisión y la recepción, conociendo la velocidad del sonido (340 m/s, en aire seco a 20ºC, y varía con la temperatura). La frecuencia de emisión es fija, normalmente 40 KHz. Se suelen emitir pulsos de aproximadamente 1 ms. (40 ondas completas). El receptor tiene un filtro pasa-banda no sintonizado a los 40KHz, o bien es un dispositivo físico, cristal u otro, que oscila sólo a esa frecuencia. Entre los más populares se encuentran los sensores Polaroid TM para cámara fotográfica. Emiten pulsos a varias frecuencias para evitar que alguna frecuencia desaparezca debido a la forma o características de reflexión del objeto. Se usan normalmente varios de éstos, orientándolos en diferentes direcciones. La precisión puede llegar a ser de unos 0.5 cm en 2 m., pero esto es en condiciones óptimas. En general, tienen mucho ruido y se ven sometidos a reflexiones espurias. Una forma alternativa de medir la distancia usando sensores de ultrasonidos es la medición de la amplitud de la onda reflejada. Se observa una atenuación aproximadamente cuadrática de ésta con la distancia al objeto, pero en general también son poco precisos y dependen del material que refleja.

-Sensores de corriente inducida: Se basan en usar una bobina por la que circula una corriente alterna que genera un campo magnético variable. Cuando esta bobina se acerca a un objeto de material ferromagnético (Fe, acero o Al) se generan en él corrientes parásitas, las cuales a su vez generan otro campo que tiende a anular al primero, con lo que la intensidad que circula por el solenoide varía, siempre que el voltaje se mantenga constante. Esta variación no es lineal con la distancia, y depende de la forma del objeto, del material, y del ángulo de aproximación del sensor; por ello, es necesario un calibrado para cada uso concreto. No obstante, son robustos y apropiados para ser usados en ambientes hostiles (polvo, grasa, etc.).

-Sensores resistivos: Se usan en aplicaciones de soldadura por arco voltaico, donde hay que mantener constante la altura sobre el material (normalmente, dos planchas metálicas) que está siendo unido. Se basan en el hecho de que la resistencia del arco voltaico (más exactamente: la intensidad que circula a voltaje constante) es proporcional a la longitud del arco, que es precisamente la distancia entre el electrodo colocado en la punta del brazo y la superficie. Esta intensidad está entre 100 y 200 amperios.

-Otros tipos de sensores de distancia sin contacto: Se mencionarán simplemente las sondas capacitivas, que usan el objeto a detectar (que debe ser conductor) como una de las placas de un supuesto condensador, y la punta del brazo, o una pieza metálica adosada a ella, como la otra placa. La capacidad varía en función de la distancia. Si la placas fueran planas y paralelas, lo cual es sólo una aproximación, la capacidad sería $C = S_x d$, siendo la corriente dieléctrica del aire, S la superficie de las placas, y d la distancia entre ellas. Otro sensor interesante de este tipo es el de efecto Hall. Se basan en que algunos materiales semiconductores varían su conductividad en cierta dirección cuando están sometidos a la acción de un campo magnético. Por ello, es necesario colocar un imán, aun pequeño, fijo al objeto cuya distancia (o, más habitualmente, presencia o ausencia) queremos detectar.

Sensores de tacto

No siempre es posible usarlos, pero cuando lo es son muy útiles; van desde los que sólo dan señal ON/OFF en puntos seleccionados, hasta los que dan una medida de la presión en cada punto. Por ahora, la mayoría son experimentales.

Entre ellos cabe citar:

-De varillas: Son simplemente una matriz de varillas que se coloca horizontalmente y desciende hasta hacer contacto con el objeto. Si es de tipo ON/OFF, hay que bajarlo hasta que todos los sensores se activan, y entonces ir subiendo lentamente y tomar nota del instante en que cada uno se desactiva. Otro tipo más evolucionado consiste en varillas de material ferromagnético que se introducen más o menos en bobinas, variando su inductancia, que se mide, y resulta ser proporcional a (o relacionada con) la longitud de varilla que quede dentro de la bobina, varilla corta el rayo de luz que va de un LED a un fotodiodo. Todas las varillas están cubiertas por una capa elástica. Son siempre de tipo ON/OFF, y presentan los problemas de que la capa elástica tiene cierta histéresis, y además se desgasta y hay que reemplazarla.

-De elastómeros de conductividad: Se basan en que ciertos materiales elásticos (algunos plásticos, normalmente) pueden hacerse más o menos conductores impregnándolos con polvo de hierro o similar. De este modo pueden poner en contacto dos electrodos con una resistencia mayor o menor, según sea la superficie de contacto. Tienen un problema esencial: el elastómero tiene una vida limitada; tras unos cientos de operaciones, su resistencia no vuelve al valor original después de descomprimir, o, en otros tipos, lo hacen al cabo de un tiempo excesivo.

-De presión neumática: Se basan en unos contactos regularmente distribuidos, y una lámina metálica que se sitúa sobre ellos, pero no los toca, porque entre ambos queda unas cavidades que se llenan con aire comprimido. Sólo cuando se presiona por la parte exterior la lámina vence la presión del aire y toca el contacto. Estrictamente, son binarios, pero cambiando la presión del aire que circula pueden dar una idea de la fuerza con que se presiona: oprimiendo exactamente hasta que haga contacto, la fuerza es entonces justo la necesaria para vencer la presión del aire. Se usó para operaciones de inserción; sólo daba lecturas de presión de 0 a 50 gramos.

-De polímeros (piel artificial): Se basan en que ciertos materiales, como el cuarzo o algunos polímeros sintéticos, presentan el fenómeno conocido como piezoelectricidad, que consiste en que generan una pequeña corriente eléctrica cuando se les presiona mecánicamente. Los sensores de polímeros se construyen con una capa protectora, una del material piezoeléctrico (fluoruro de polivinilo, PVDF) y otra con electrodos en las y columnas que se sitúa debajo. Al presionar en cierta área, el PVDF genera una carga local que es recogida por los electrodos; este fenómeno dura unos pocos segundos, lo cual es suficiente para medir el máximo de carga generada, que está relacionada con la presión. Este sensor puede usarse en modo binario, o analógico. Tiene el problema del acoplo entre unos circuitos y otros, correspondientes a electrodos vecinos, que se debe solucionar con circuitos de desacoplo de bajísima capacidad (menor de 5 pF). El PVDF es también piroeléctrico (genera carga al variar la temperatura), lo cual puede ser ventajoso en ciertas aplicaciones, pero en general es un inconveniente, ya que obliga a corregir las medidas con la temperatura ambiente.

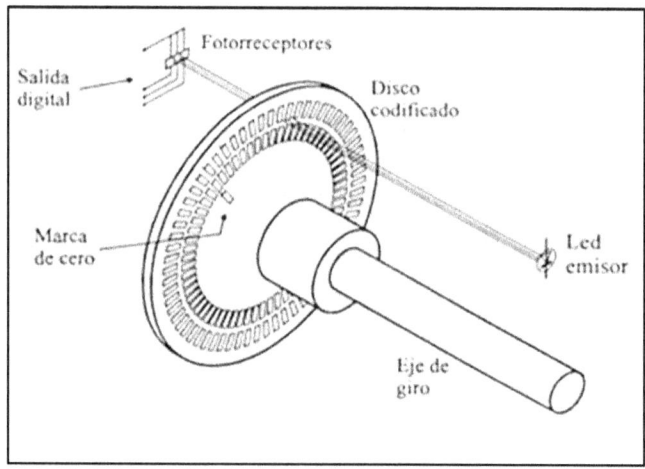

Sensor interno. Codificador óptico (encoder) incremental

Sensores de fuerza

Son necesarios para ajustar correctamente la presión que ejercen los motores de la pinza de un brazo robot en operaciones de prensión, particularmente, en ensamblado de piezas, para así estar seguros de no romper éstas. También son prácticamente imprescindibles en operaciones de inserción en las que otros sensores no pueden actuar, por no tener acceso al lugar físico de la inserción. Es importante medir tanto la fuerza ejercida, como el momento o torque respecto a algún punto, normalmente el eje de rotación. Existen dos casos importantes de sensores de fuerza:

-Por variación de la corriente del motor: Como se verá en el tema siguiente, para servomotores eléctricos de corriente continua el momento o torque T ejercido por el motor es directamente proporcional a la intensidad que circula por su devanado (corriente de armadura, Ia). Si $T = KT_x Ia$, entonces midiendo Ia con un amperímetro podremos conocer el momento ejercido por el motor. La transformación de esto en fuerza depende del dispositivo de conversión de movimiento rotacional-lineal que se use.

Por deflexión de los dedos (galgas extensiométricas): Se basan en la variación de resistencia eléctrica de cualquier material en función de su longitud y sección. En particular, sabemos que para una amplia gama de materiales, su resistencia es:

$$R = L / S$$

Siendo L la longitud y S la sección de la porción de material. Dada una fina lámina de material jada sobre una base flexible, si se dobla como se muestra en la gura, la variación de sección es despreciable; sin embargo, la variación de longitud es significativa, y hace cambiar R, que se puede medir.

Normalmente se usan dos láminas unidas de diferentes materiales, como platino-tungsteno o cobre-aluminio, lo cual se llama galga extensiométrica, o bien con un semiconductor sobre una base de silicio. Las dos láminas forman las resistencias opuestas de un puente de Weathstone, y la variación de tensión se mide con un amplificador operacional.

Sensores de visión

Como su nombre indica, envían al software de control y programación del robot una imagen de la escena o área de trabajo, que programas adecuados deben encargarse de interpretar para extraer la información útil sobre posiciones y orientaciones de los objetos presentes (o simplemente, su presencia o ausencia).

Este objetivo entra dentro del campo de la visión por computador, y por tanto no se tratará aquí. Por otra parte, los dispositivos de captura de la imagen son cámaras de televisión, bien de tubo de rayos catódicos, bien de tipo CCD, las más usadas hoy día en aplicaciones robóticas. Su tecnología tampoco se cubrirá aquí, puesto que ya fue expuesta en el módulo "Sistemas de percepción", o en los módulos apropiados de Ingeniería electrónica.

Robot herramienta

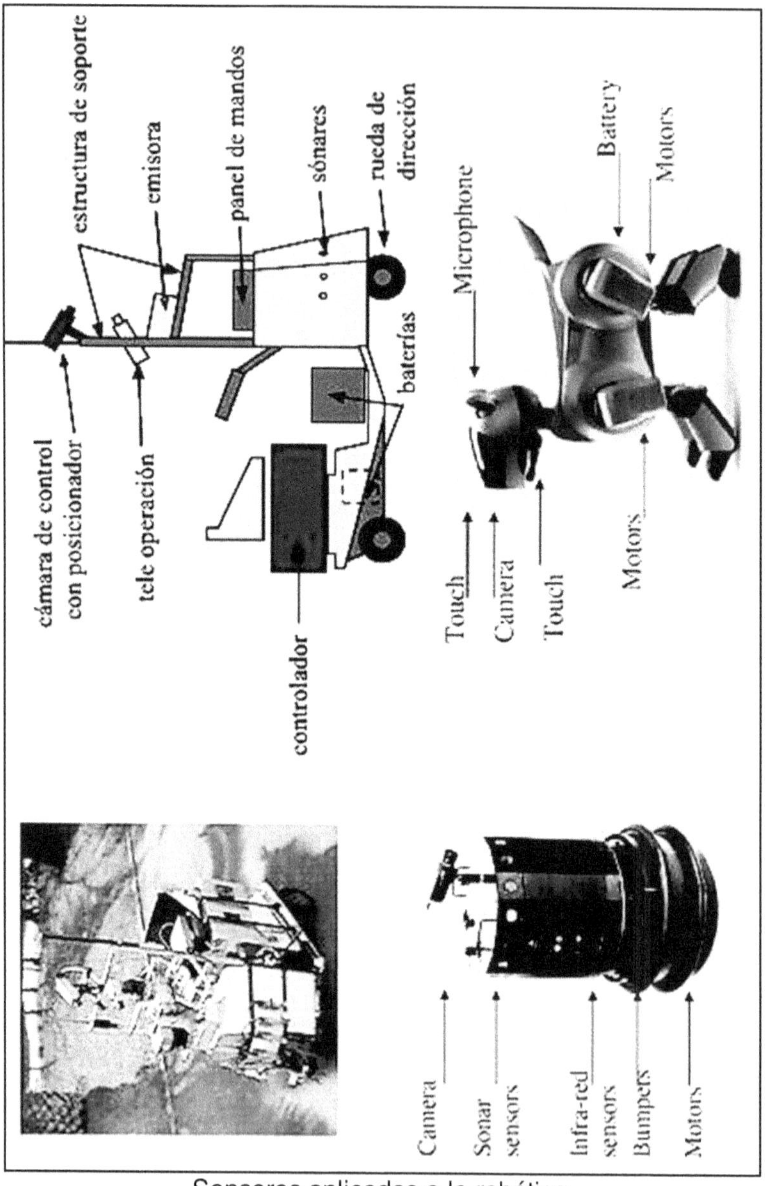

Sensores aplicados a la robótica

Tecnología de los actuadores en la robótica

Actuador es todo dispositivo que ejerce fuerzas o momentos sobre las partes de un robot haciendo que éstas se muevan. Transforman algún tipo de energía en energía mecánica, y para que sean útiles en Robótica deben poder ser controlados con rapidez y precisión. Las tecnologías fundamentales que se usan hoy en robots son: hidráulica, neumática y eléctrica. Estas emplean respectivamente un fluido en circulación, aire comprimido y electricidad. Los motores de combustión interna o de vapor no se usan por la dificultad de controlarlos con precisión y su largo tiempo de respuesta.

Actuadores hidráulicos

Se usan para levantar cargas mayores de 6 o 7 Kg., o para potencias aproximadas de 5 a 7 HP. El fluido que transmite la potencia, normalmente aceite especial, circula por tuberías a presión de unas 200 atmósferas y un caudal de unos 0.25 l/seg. Ejercen presiones aplicando el principio de la prensa hidráulica de Pascal para aumentar la fuerza al disminuir la superficie sobre la que se aplica, y para su control se usan las llamadas servo-válvulas, que son dispositivos que controlan el flujo de fluido que las atraviesa de acuerdo a la corriente eléctrica que se les suministra. El flujo, mayor o menor, que aparece tras la servo-válvula hace que un cilindro o pistón se mueva, provocando desplazamiento lineal, que puede ser convertido en rotacional mediante un sistema biela/manivela. Una servo-válvula es esencialmente un motor eléctrico de baja velocidad y alto torque, que no gira vueltas enteras, sino fracciones de vuelta en contra de una resistencia mecánica; este motor tira de un tubo flexible que sujeta una pieza que hace que el flujo de entrada se reparta desigualmente entre cada uno de los tubos de salida, modificando así el flujo que sale por éstos.

Actuadores neumáticos

Su principio de funcionamiento es similar al de los actuadores hidráulicos, pero a diferencia de aquellos, que empleaban un fluido incompresible, éstos emplean aire, altamente compresible. El no llevar fluidos potencialmente inflamables los hace más seguros, y además no hay que reemplazar periódicamente el fluido. Pero al ser el aire tan compresible suelen ser subamortiguados, lo cual es malo, y una vez alcanzada su posición final presentan poca rigidez. Se suelen usar para mover pistones lineales punto a punto, usando topes, pero existe la posibilidad de usar control neumático.

Actuadores eléctricos

Son, con gran diferencia, los más usados actualmente en robots comerciales y experimentales. Los habituales son los motores de corriente continua (CC) y, en menor medida, los motores paso a paso. Los de corriente alterna se usan raramente por no poderlos controlar con precisión, y por depender su velocidad de giro de la frecuencia de la corriente alterna que los alimenta, la cual no se puede variar más que con dispositivos electrónicos caros y no extraordinariamente precisos. Es realmente la facilidad de control lo que hace de los motores CC los más usados.

Motores de corriente continua (CC)

Se basan en la fuerza de Lorentz, que aparece sobre una carga que se mueve (es decir, una corriente) cuando lo hace en el interior de un campo magnético.

La corriente antedicha circula por un devanado de hilo de cobre, y el campo magnético externo puede estar creado bien por un imán permanente, bien por otra bobina.

Servo-amplificadores

Como complemento a este tema, mencionemos estos dispositivos que, aun cuando no son propiamente robóticos, son necesarios para el funcionamiento de los actuadores eléctricos. Los servo-amplificadores convierten la señal de baja tensión generada por el sistema de control en una de más alta tensión y la suficiente intensidad como para hacer girar el motor y la carga a él unida. Hay dos tipos esenciales: lineales, y de modulación PWM.

-Servo-amplificador lineal: Están basados en el uso de transistores de potencia que funcionan en la zona de característica lineal, es decir, en clase A, con lo que la intensidad que circula entre colector y emisor es proporcional a la intensidad de base, o sea, Ic=IB, donde la constante está entre 10 y 200, dependiendo del transistor. Existen dos variantes, el tipo H y el T.

-Amplificadores tipo PWM: Los amplificadores controlados por anchura de pulso (Pulse Width

Modulation, o PWM) se basan en el hecho de que la función de transferencia del motor puede verse como la de un filtro pasa-baja, y por tanto si se le envía una onda, digamos cuadrada, de frecuencia mayor que la frecuencia de corte, el motor se comporta aproximadamente como un integrador, y gira con una velocidad proporcional al valor de la integral de la corriente (a impedancia fija, de la tensión) que lo atraviesa. Son iguales a los anteriores, pero la tensión de entrada es una onda cuadrada, de amplitud tal que haga trabajar a los transistores en saturación cuando da el valor máximo, y en corte cuando da el mínimo.

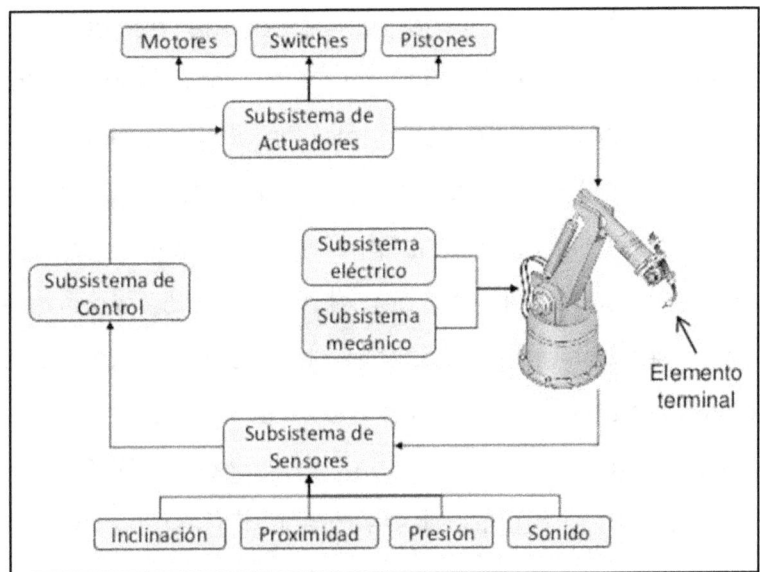

Esquema general de un robot

Transmisiones mecánicas y dispositivos de conversión

Para concluir este tema veremos los elementos que ligan al actuador con el eje físico al que hacen girar o desplazan, el efector. A este eje, y a todo lo que esté unido a él, lo llamaremos la carga. La misión de las transmisiones es cambiar la dirección de rotación (caso de los piñones acodados), cambiar el eje de rotación (correas), multiplicar el torque y reducir (usualmente) la velocidad de rotación. También pueden convertir movimiento rotacional en lineal, o viceversa. En cualquier caso, siempre debe procurarse que se transmita la máxima energía desde el actuador a la carga. Un problema es que en muchos actuadores la relación movimiento del actuador/movimiento del efector es absolutamente no lineal, lo cual hace difícil el control. Desde luego, sería deseable no tener que usar transmisiones y mover los elementos directamente con el actuador, pero esto no suele ser posible por razones de coste o de tamaño. Una notable excepción es el actuador tipo Megatorque TM que equipan los robots ADEPTTM, cuyo eje es el propio eje de rotación. Pasemos ahora a analizar cada uno de los posibles tipos de conversión de movimiento.

-Conversión de movimiento rotatorio a rotatorio: Se usa cuando se desea variar la velocidad angular (y, como veremos, el torque ejercido) por un motor. El dispositivo usual para esto es un par o un tren de engranajes. Idealmente, los engranajes debieran ser perfectamente circulares, y rotar exactamente sobre su centro, sin inercia, y sin rozamiento entre sus superficies. Uno de los engranajes será la entrada, y el otro la salida. Motores usuales deben mover articulaciones traslacionales. Hay varios dispositivos apropiados para realizar esta conversión:

-Tornillo fijo: Se basan en una tuerca ancha enroscada al centro de un tornillo que puede girar libremente, y la carga se fija a esta tuerca.

-Acopladores: Son dispositivos mecánicos usados para conectar dos ejes que no sean exactamente paralelos, o estén ligeramente desalineados. Suelen hacerse con materiales flexibles, pero resistentes, como un trozo de espiral de nylon, o muelle de acero. También existe la llamada transmisión universal, formada por dos tubos conectados por una cruz de ejes perpendiculares.

-Transferencia de potencia: Es necesario mencionar que en cualquiera de estos dispositivos la potencia se transmite desde el motor hasta la carga de tal manera que la máxima transmisión se da cuando la inercia equivalente (o reflejada) que ve el eje de entrada es igual a la inercia de él mismo junto con el motor que lo mueve.

Precisión, repetibilidad y resolución

Estos son tres conceptos importantísimos en un robot, y están relacionados con la capacidad de posicionarse en el punto deseado. Dependen de muchos factores externos, tales como carga, temperatura, velocidad, dirección del movimiento, punto del espacio de trabajo en que se opera, etc. Los definiremos uno por uno a continuación:

-Resolución: es la mínima diferencia entre dos puntos consecutivos en que el robot puede situarse, siendo capaz de distinguir uno de otro.

Hay dos tipos de resolución:

En el control: es la variación más pequeña entre puntos consecutivos que el sistema de control es capaz de detectar.

En la posición: Es la máxima distancia entre dos puntos consecutivos que la articulación puede adoptar, debida a imprecisiones mecánicas. Máxima distancia significa en el peor de los casos, es decir, cuando el error cometido en un punto y en el consecutivo, se oponen.

-Precisión: es el máximo error con el que se alcanza un punto del espacio no visitado previamente. Aparentemente, sería la mitad de la resolución en la posición, pero si el punto viene dado en coordenadas cartesianas, suele ser mucho mayor, porque a la imprecisión mecánica antedicha se suman la imprecisión numérica en el cálculo de la cinemática inversa, más la debida a las diferencias provocadas por el uso de los parámetros teóricos para el robot en lugar de los reales (los valores imprecisos de "*di, ai, i*" en las matrices DH). Esto puede provocar grandes diferencias (de hasta varios milímetros) entre las posiciones predicha y real a las que se llega. Según la zona del espacio de trabajo que se considere, la precisión varía, por lo que se suele distinguir entre precisión global (la media) y local para una determinada zona.

-Repetibilidad: Es la capacidad de un manipulador robótico de posicionarse en el mismo punto al que fue mandado anteriormente. Idealmente, las medidas debieran realizarse en idénticas condiciones de temperatura, dirección y velocidad de aproximación. La forma correcta de medir la repetitividad es usar métodos estadísticos, enviando muchas veces el brazo a la misma posición.

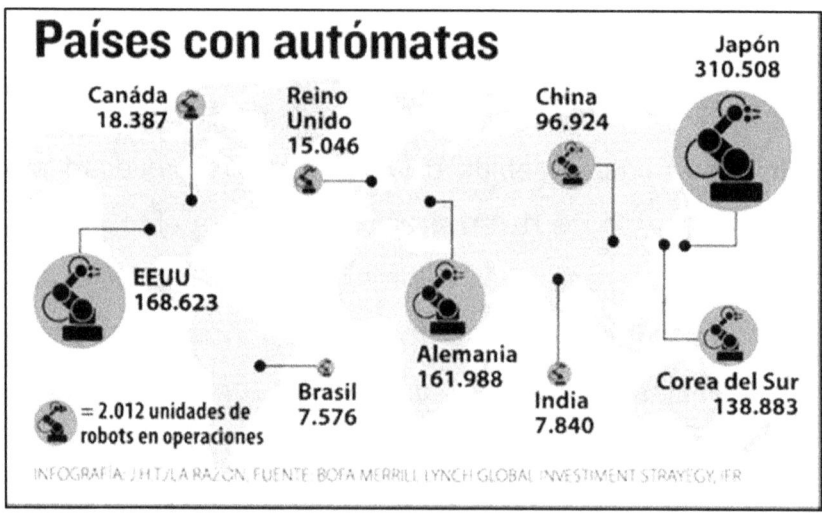

De acuerdo con datos a 2012 del Bank of America Merrill Lynch, los países donde más humanoides operacionales hay son: Japón (310.508), Estados Unidos (168.623), Alemania (161.988), Corea de Sur (138.883), China (96.924), Canadá (18.387), Reino Unido (15.046), India (7.840) y Brasil (7.576), entre otros.

Control de los robots

En este tema se estudiarán las diversas formas de control de actuadores robóticos a partir de las técnicas y métodos de modelización vistos en módulos anteriores, en concreto, usando la formulación de Laplace aplicada a sistemas lineales. Aun cuando, es posible controlar los actuadores hidráulicos y neumáticos, la absoluta preponderancia de los motores eléctricos de CC hará que nos centremos particularmente en ellos. Más restringidamente, se estudiará el control de un motor, que se supone actúa sobre una articulación aislada. Esto es sólo una aproximación, dado que cuando el robot se mueve, la inercia que ve cada articulación depende de la posición, y por tanto, no se puede considerar que la función de transferencia admitida para el motor, más la carga sea constante, lo que excluiría en principio las técnicas básicas de control de sistemas lineales. No obstante, la inmensa mayoría de los robots comerciales hoy en uso admiten esta aproximación, que sigue dando resultados, al menos, tolerables usada con las debidas precauciones. Se incidirá en ello al hablar de diseño de controladores.

Control de una articulación

Supongamos que las estrategias de control descritas deben aplicarse a una articulación concreta de un brazo robot. En este caso, la señal de referencia, d, que indica en qué posición debe colocarse el motor es siempre digital, pues viene del ordenador de control (en concreto, del programa generador de trayectorias). Las señales de los sensores, sin embargo, pueden ser analógicas o digitales. Lo normal es que el ordenador de control compute lo más rápido posible las señales de referencia para las articulaciones, y las envíe en secuencia a cada una de ellas. En cada articulación hay un pequeño microprocesador o microcontrolador que ejecuta el algoritmo de control (el PID, u otro, que se la haya programado, normalmente en firmware); en ocasiones un mismo microcontrolador se ocupa de dos o más articulaciones. Los datos de posición y velocidad presente se pueden obtener de varios modos.

Veamos los posibles casos

-Posición digital y velocidad analógica con sensores diferentes: se usan un codificador óptico para medir la posición y un tacómetro para medir la velocidad.

Como la señal de control es en ocasiones proporcional al error en la velocidad (si se usa, p.ej., un PD) se podría evitar el uso del conversor A/D del tacómetro. Esto reduce el coste, porque el restador analógico, hecho con un operacional, es más barato que el conversor A/D.

-Posición digital y velocidad digital: Aquí sólo se usaría un codificador óptico que generaría una señal digital para la posición, y la velocidad se obtendría numéricamente a partir de ésta. Es la solución más comúnmente aceptada hoy, pues los tacómetros son caros y pesados (a veces, tanto como el propio motor). El circuito digital apropiado procesa las señales del encoder y la velocidad se obtiene midiendo a intervalos regulares de tiempo.

Programación de robots

Introducción

Hasta ahora hemos visto cómo modelar un robot mediante su cinemática directa e inversa; cómo se obtienen caminos en el espacio para el punto terminal que cumplan ciertas condiciones de velocidad, aceleración, etc.; qué sensores se usan, y qué señales dan, qué actuadores mueven al robot, y qué señales hay que enviarles. Es el momento de ensamblar todas estas piezas para conseguir que el robot realice tareas útiles. Obviamente, la conexión entre todas ellas está en el software, es decir, en los programas y sistemas operativos que, corriendo sobre uno o más ordenadores o microcontroladores, coordinarán todo el proceso. Como veremos seguidamente, la programación de robots es sustancialmente diferente a la de ordenadores aislados, aun cuando un programa escrito en un lenguaje para robots semeje a cualquier otro programa convencional. El hecho de estar controlando sistemas reales añade complejidad debido a un cierto grado de impredictibilidad que deberemos asumir y manejar. Por supuesto, cualquiera de las tareas antedichas podría, en principio, programarse en cualquier lenguaje que pudiese acceder al hardware, pero programar una tarea normal en términos de estas tareas simples sería horriblemente complejo. Veamos un ejemplo: algo aparentemente simple, como pintar al spray un coche. Habría que detallar todos los puntos por los que se debe pasar en función del tiempo, calcular su cinemática inversa, especificar las posiciones, velocidades y aceleraciones de cada articulación como función del tiempo, y programar los parámetros y lazos de realimentación del sistema de control. Además, atender al mismo tiempo a las señales de los sensores de cada articulación y procesarlas, más las posibles señales de interrupción provocadas por sensores externos, si los hay. Esto explica que sean necesarios lenguajes para especificar las tareas en términos accesibles a los humanos. Estos lenguajes serán usados para dos fines:

- Definir la tarea que el robot tiene que realizar.
- Controlar al robot mientras la realiza.

De lo dicho se entiende que un lenguaje que pretenda ser usado para programar robots deberá ser, en algún sentido, diferente a los lenguajes convencionales. Esas diferencias son debidas a que:

El entorno del robot no puede describirse sólo en términos cuantitativos; usa relaciones espaciales (arriba de, abajo de, sobre, etc.) e incluso temporales, o de causalidad (A no puede ponerse sobre B hasta que B no esté en X).

El robot opera en un mundo real impreciso, y el modelo del mundo que el programa maneja puede no dar cuenta debida de él, precisamente a causa de esa imprecisión. Además, hay que tener en cuenta que los programas de robot deben atender a señales sensoriales que se producen en instantes impredecibles, y por tanto, deben estar preparados para interrumpirse en cualquier momento. Por otra parte las posiciones y orientaciones de robot y objetos son adecuadamente descritas mediante transformaciones homogéneas; cualquier lenguaje de robots debería incorporar un fácil manejo de éstas.

Requerimientos de los lenguajes de programación de robots

Veamos ahora en detalle qué consideraciones deberán tenerse en cuenta al diseñar un lenguaje (o modificar uno existente) para programar robots o sistemas robotizados en general. El lenguaje deberá incorporar estructuras de datos apropiadas para manejar posiciones, orientaciones, y transformaciones espaciales. En particular, las matrices de transformación homogénea deberán estar presentes, así como las operaciones de rotación y traslación sobre ellas, equivalentes al cambio de sistema de referencia. Por otra parte, deberán poder especificarse de modo simple órdenes de movimiento, preferentemente en el espacio cartesiano, y con posibilidad de elegir la forma de la trayectoria del punto terminal entre la posición actual y la deseada. Esto exige el conocimiento de la cinemática inversa, y por tanto, si el lenguaje debe adaptarse a varios manipuladores, también deberá haber formas de especificar la cinemática de un manipulador cualquiera. Finalmente, se deberá conocer la posición actual en todo momento, para continuar desde ella una orden de movimiento anormalmente interrumpida. El lenguaje deberá permitir alguna forma de paralelismo, puesto que al menos dos niveles distintos de él se dan en todo robot: el control simultáneo de todas sus articulaciones, y el funcionamiento concurrente quizá con otros brazos, y siempre con sus propios sensores externos que pueden mandar señales en cualquier momento. Las formas de implantar este paralelismo son, o bien con varios elementos de computación (caso común en las articulaciones, donde suele haber un microcontrolador por cada dos o tres de ellas), bien con software que simule el paralelismo mediante la compartición del tiempo del único procesador; este software es un sistema operativo multitarea, o un lenguaje que permita concurrencia.

Si varios procesos (en general, tareas) deben funcionar simultáneamente, el lenguaje deberá permitir la comunicación entre ellos; las tres formas más comunes para esto son el uso de memoria compartida, la llamada remota a procedimientos, y el paso de mensajes. Cada uno de éstos presenta ventajas e inconvenientes. Al actuar el robot en el mundo real, la activación de mandatos para realizar acciones, e incluso la secuencia en que éstos se ejecuten, depende de que determinados eventos reales hayan sucedido ya, o no (o nunca lleguen a ocurrir). Por ello, es necesario que el lenguaje provea mecanismos de sincronización de eventos, que detengan o alteren la ejecución normal en tanto ciertos hechos (por ejemplo, la activación de un sensor) no sucedan. Además, otras acciones deben ser ejecutadas en respuesta a señales de error (p.ej., un sensor de choque que se activa). Por ello, se suelen sincronizar las acciones para atender a cuatro tipos de eventos: activación (iniciar la acción al recibir cierta señal), terminación (cese de la acción ante la señal), error (inicio de acción de seguridad o recuperación ante señal de error) y anulación (cese de la acción al NO recibir señal del terminación después de un tiempo prudencial).

Determinadas condiciones (sobre todo, sobre los valores de los sensores) deben ser comprobadas constantemente (o al menos, periódicamente). Esto exige que haya mecanismos de comprobación de eventos, que pueden ser procesos que corren como un bucle infinito que monitoriza, o interrupciones hardware. Asociado a esto deberá haber un mecanismo de prioridades, para decidir qué se continúa monitorizando en caso de activación simultánea1 de varios eventos. El lenguaje deberá proveer estructuras y acceso a variables sensoriales, es decir, que contienen valores de las señales recogidas por los sensores, y que, a diferencia de las variables convencionales, no se inicializan explícitamente en el programa, y su alcance es siempre global. Se puede dar una actualización continua de algunas o todas estas variables, o bien a intervalos discretos de tiempo. Además, en el caso de que varios procesos (generalmente, todos ellos relacionados con los sensores) puedan actualizar la misma variable, deberán considerarse prioridades entre ellos. Deberán estar presentes mecanismos para especificar las acciones de inicialización y terminación. Típicamente, al comenzar un programa de robot puede ser necesario el calibrado del mismo y su posicionamiento en un lugar concreto, así como un auto-test del hardware, si es posible.

Del mismo modo, al acabar también se puede llevar al robot a algún lugar conocido, y luego se suele anular la ganancia de todos los amplificadores de los motores, para evitar el movimiento accidental.

Se verá después cómo algunos de estos requerimientos, pero no todos, se realizan en lenguajes como AL.

Sistemas operativos

Es necesario hacer un breve comentario sobre qué características debiera tener el sistema operativo que soporte un lenguaje con los requerimientos especificados en el apartado anterior. Es preciso decidir si todos estos requerimientos quedan al lenguaje, o si algunos de ellos son dejados al sistema. Generalmente, esta decisión depende de la velocidad del computador usado; si es suficientemente rápido como para soportar un sistema y un lenguaje manteniendo los requerimientos de respuesta a los eventos externos en tiempo acotado (y suficientemente corto), entonces esta solución vale la pena, pues simplifica enormemente la programación. En otro caso, deberá usarse un lenguaje que mantenga varios procesos con el tiempo de conmutación entre ellos más breve posible. La característica más importante del sistema operativo que debe verificarse es, en cualquier caso, el que sea de tiempo real (es decir, responda a cualquier petición en un tiempo acotado, y no pueda quedar bloqueado). El ejemplo más típico de esto es la necesidad de mantener los lazos cerrados de realimentación de los controladores de las articulaciones, lo que exige un muestreo de los sensores con un intervalo periódico T, y el envío de la acción de control calculada con ese mismo intervalo. Ignorar las señales durante más tiempo provocaría inestabilidad, y el consiguiente movimiento descontrolado del robot. El usar un microcontrolador dedicado a esa articulación alivia el problema, pero no lo resuelve, puesto que, por ej.: El mantenimiento de una trayectoria rectilínea exige el envío de posiciones de referencia en el espacio de articulación también en instantes específicos. La conclusión de esto es que no todo estriba en mejorar la velocidad del hardware, y que un diseño cuidadoso de cada proceso para garantizar su terminación en un tiempo acotado es imprescindible.

Clasificación de los lenguajes de programas de robots
Aunque ningún lenguaje de programación hoy día cumple todos los requerimientos especificados anteriormente, hay varios que resultan útiles, dependiendo de la tarea específica a que se les destine. Veamos la división y algunos lenguajes principales. En primer lugar, estableceremos una clasificación por la sintaxis y complejidad.

Aquí se distinguen tres tipos:

-Secuenciadores de instrucciones: Simplemente almacenan y posteriormente repiten una secuencia de posiciones y acciones (apertura/cierre de la pinza, etc.) en un orden más o menos fijo.

Tales posiciones y acciones se aprenden, de varias maneras:

- Mediante movimiento del robot con un joystick, ratón o teclado especial suspendido del techo ("Teach pendant").
- Mediante movimiento manual y almacenamiento de las posiciones de los encoders.

    En este caso, se pueden ejecutar los movimientos a diferente velocidad de la que se almacenaron.

Normalmente, estos lenguajes incorporan también órdenes especiales para retraso (dejar que concluya la ejecución de un movimiento) o para especificación de las acciones requeridas ante señales sensoriales específicas (errores, etc.) o ausencia de ellas. La facilidad de programar un robot de este modo hace común el uso de secuenciadores en entornos industriales poco flexibles (cadenas de montaje de automóviles, etc.).

-Extensiones a lenguajes clásicos: Son módulos específicos para el manejo de sensores y actuadores, más estructuras de datos adaptadas (matrices homogéneas, etc.) conservando la sintaxis general y control de flujo del lenguaje escogido. Se pueden basar en BASIC, PASCAL, C, etc. Por las razones expuestas en el apartado anterior, es necesario que estos lenguajes corran sobre un S.O. de tiempo real.

-Lenguajes específicos para robots: Fueron diseñados por firmas comerciales (salvo uno de la Universidad de Stanford) para ser vendidos junto con sus manipuladores, teniendo en cuenta los sensores y actuadores a que se debían conectar. Todos ellos incorporan el manejo de las señales de los sensores, y de acuerdo a sus valores pueden cambiar en tiempo real el flujo del programa. Además, incorporan descripción y razonamiento en términos geométricos, e interfaces a sistemas CAD/CAM.

Por otra parte, y respecto al nivel de abstracción que permiten a la hora de especificar la tarea, podemos clasificar estos lenguajes en:

-Orientados al robot: Sus primitivas son comandos de movimiento para el robot, o peticiones de lectura de sensores. Se deja al usuario la tarea de establecer explícitamente, y de modo secuencial, cuáles deben ser los movimientos a ejecutar, así como cuál será el comportamiento según los valores de los sensores en cada instante.

El nivel de especificación es, sin embargo, suficientemente alto, como veremos en los ejemplos, como para que una tarea simple se pueda programar con rapidez.

-Orientados a la tarea: Permiten al usuario especificar qué debe hacer el robot, pero no necesariamente cómo debe hacerlo, al menos, hasta cierto punto.

Las especificaciones de tarea se pueden dar en forma textual, o ayudándose de un interface gráfico (simulador del mundo del robot).

-Niveles de programación. Cuadro resumen:

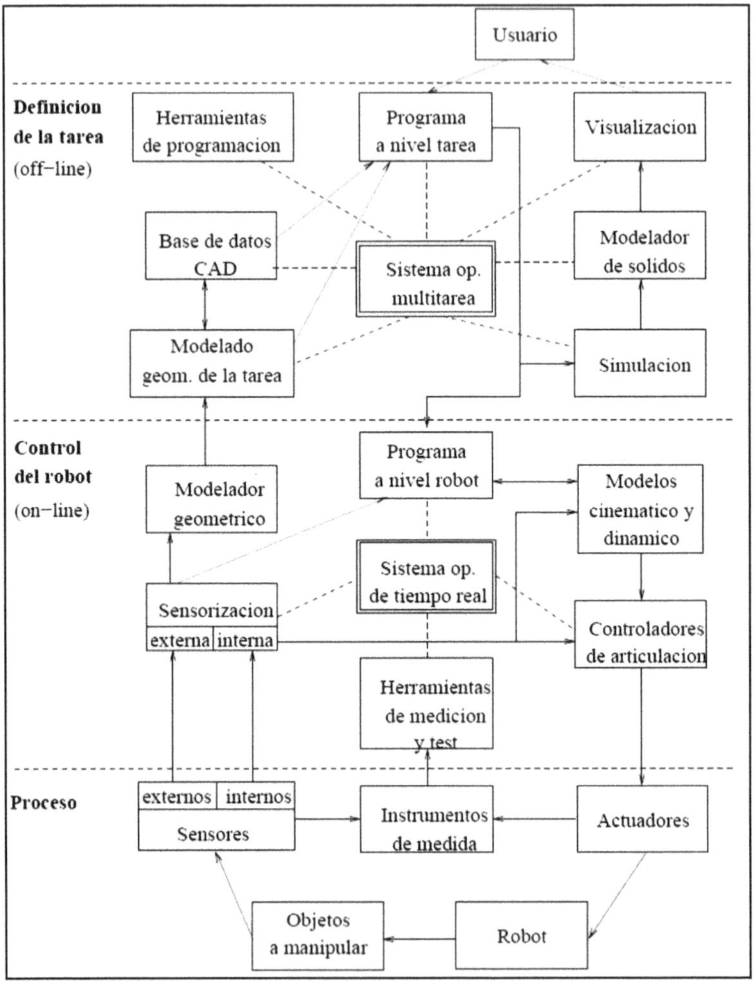

Es conveniente ahora dar y comentar un esquema que explique cuál es el software que genéricamente se emplea en la programación y uso de un sistema robotizado, cuáles son las relaciones entre sus partes y a qué nivel se emplea cada una. Lo que sigue explica la figura. En ella encontramos, de abajo a arriba: El nivel del proceso: esto no es software, sino hardware actuando sobre el mundo físico (los objetos). Los sensores y actuadores típicos ya fueron comentados en los temas correspondientes. Respecto a los instrumentos de medida externos al robot, que pueden estar presentes o no, se usan en su caso para tareas de monitorización externa, esencialmente para comprobar si el robot realiza su tarea correctamente, y si las condiciones son apropiadas. Pueden ser sensores de temperatura, corriente de los circuitos de alimentación, etc., así como herramientas de verificación y control de calidad, que detecten defectos en la pieza manufacturada. El control del robot: aquí aparecen las herramientas de medición y test (sólo si existían los instrumentos de medida) que procesan sus señales y mandan los oportunos mensajes al usuario en caso de encontrar algo anormal. Además, tenemos los procesos básicos que tratan la señal en bruto (raw-data) de los sensores, y dirigen sus resultados bien al sistema de control, para cerrar los lazos de realimentación de posición/velocidad (sensores internos) bien al programa a nivel robot, que, como hemos dicho, puede necesitar comprobar la señal de sensores externos (p. ej., un microinterruptor que avise del contacto con un objeto), bien a un módulo de modelado geométrico que genere las primitivas geométricas necesarias para el reconocimiento de los objetos de la escena. A este nivel de control de robot se hallan también los controladores de cada articulación, que usualmente son programas escritos en "C" o ensamblador que corren en microcontroladores dedicados. Por encima, pero aún actuando on-line (es decir, al mismo tiempo que se ejecuta la tarea) tenemos el modelo cinemático y dinámico del robot, que suministra las señales de referencia a los bucles de control para conseguir de este modo las trayectorias, velocidades y aceleraciones requeridas. Y directamente conectado a él, el programa a nivel de robot, que como dijimos, está compuesto de la secuencia de acciones (posiblemente variable en función de condiciones externas) que el robot realizará. Todos estos módulos están bajo la supervisión y control de un sistema operativo de tiempo real. Las razones para que tenga que ser así ya han sido suficientemente comentadas antes, excepto en el caso del modelador geométrico: si es necesario que opere en tiempo real es porque los objetos del mundo pueden estar moviéndose, y las trayectorias deben variar en consonancia. Pero si estuviésemos dispuestos a admitir un entorno estático durante todo el desarrollo de la tarea, como hace p. ej. Handey, este módulo podría no operar on-line. En cualquier caso, por el momento es irrelevante, puesto que no existe un módulo efectivo de tal tipo, ni siquiera para ambientes industriales genéricos y funcionando o-line.

-La definición de la tarea: En este nivel encontramos dos ramas: una que conecta el modelador geométrico de la tarea, la base de datos de modelos geométricos, y el programa a nivel tarea, y otra, que puede existir, o no, y que hace una simulación del proceso real, bien concurrentemente con él, bien previamente, para depurar errores. La primera rama determina qué objetos están presentes en el mundo del robot, así como su posición y orientación. A partir de este conocimiento, el planificador de tareas incluido en el lenguaje obtiene una secuencia de acciones que deben realizarse teniendo en cuenta cuáles son los objetos y dónde están, para evitar así colisiones. La rama de simulación requiere técnicas de informática gráfica para el modelado y representación de objetos en 3D. Finalmente, el cuadro de herramientas de programación representa los editores, compiladores, y similares que se usan de modo normal. Todos estos módulos no necesariamente deben funcionar en tiempo real, y sincronizados con la ejecución de la tarea, de modo que un sistema operativo multitarea, pero no de tiempo real (p. ej., Unix) puede gestionarlos.

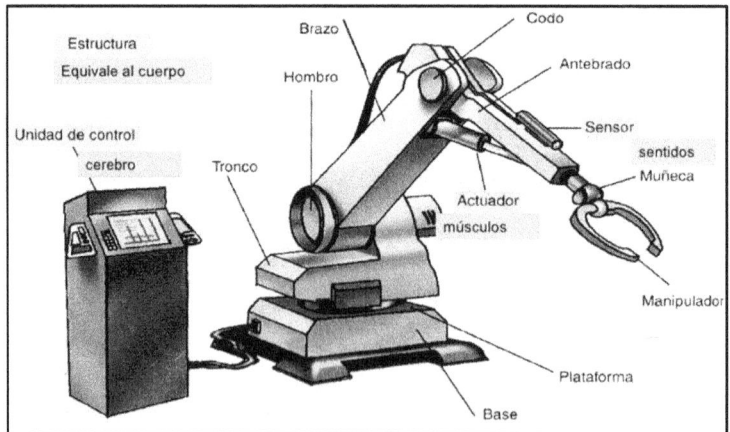

Comparativo. Partes de un robot con un cuerpo biológico

Lenguajes orientados al robot

Movimientos del robot

Como dijimos, estos lenguajes generan órdenes de movimiento para el robot. Por ello, para entenderlos correctamente es necesario ver cuáles son los tipos fundamentales de movimientos que un manipulador robótico necesita ejecutar. En un entorno con varios objetos, el brazo debe poder moverse, asir y desplazar cualquiera de ellos sin chocar con nada.

Antes de asir un objeto debe acercarse cuidadosamente a él, y a la inversa cuando se le deposita. Si se trata de insertarlo en un lugar estrecho, o de la forma justa para que el objeto encaje, ciertas restricciones sobre la fuerza y dirección de movimiento deberán cumplirse.

Por ello, los movimientos pueden ser:

-Movimientos en espacio libre (free motions): El brazo se mueve sin limitaciones suficientemente lejos de los obstáculos.

-Movimientos condicionados (guarded motions): El brazo se mueve comprobando simultáneamente alguna condición que se verificará de modo instantáneo en cierto momento; cuando lo hace, el movimiento debe cesar. El depósito de una pieza descendiendo sobre la mesa hasta que el sensor de fuerza vertical detecta resistencia (la reacción del plano de la mesa) es un ejemplo de esto.

-Movimientos con restricciones (compliant motions): El brazo se mueve comprobando una o más condiciones que deben satisfacerse en todo momento; si no lo hacen, entonces o bien el movimiento se interrumpe, o bien se ajusta su dirección o fuerza para que se sigan cumpliendo. La inserción de un pivote en un oricio manteniendo una fuerza de rozamiento constante con las paredes es un ejemplo típico.

-Movimientos de las partes sin ser capturadas (constrained motions): Consisten en empujar con la pinza algún objeto sucesivamente, de tal modo que, usando su rozamiento con el suelo, se consiga situarlo en un intervalo de posición y orientación pequeño (es decir, reducir su incertidumbre) de modo que la pinza lo capture luego apropiadamente.

La mayoría de los lenguajes orientados a robot (especialmente, los de más alto nivel) incorporan órdenes de movimiento de los tres primeros tipos. El cuarto debe ser programado explícitamente.

Evolución y características

Algunos ejemplos de lenguajes de programación orientados al robot son:

En el nivel más bajo, los lenguajes de aprendizaje, que son secuenciadores de instrucciones ampliados para permitir la lectura automática de variables de posición a petición del usuario, y su modificación en modo texto, además de la incorporación de estructuras de control simples y órdenes de comprobación de sensores que son intercalables mediante interfaces con menús en la secuencia de movimientos aprendida. Un ejemplo de este tipo es APT, desarrollado por las fuerzas aéreas de EEUU para su incorporación en plantas de fabricación y ensamblado de componentes de aviones y que deriva de lenguajes usados antes para control de máquinas-herramienta. Evolucionó después a MCL, que incluía comprobaciones sensoriales. En el siguiente nivel encontramos los lenguajes con estructuras amigables para la definición de posiciones/orientaciones y su manipulación, cálculo implícito de trayectorias en el espacio cartesiano (lo que permite movimientos de aproximación en cualquier dirección deseada) y comprobación continua o a petición del usuario de señales sensoriales. Entre éstos se encuentran: KAREL, basado en Pascal; SRL y AL, que fueron los primeros en introducir manejo concurrente de los eventos sensoriales. AL fue desarrollado en la Universidad de Stanford, y tiene características de Algol y de Pascal concurrente. ROBEX, otro lenguaje posterior, también maneja los sensores pero por medio de un sistema de señales y semáforos. AML, creado por IBM, y hoy ya en desuso por haber dejado de fabricarse el robot 7535 para el que se diseñó, amplía las estructuras de datos básicas para introducir el "agregado" (una estructura compuesta arbitraria que contiene los datos y métodos necesarios para ejecutar una operación elemental). Por último, VAL y VAL-II, creados por la compañía Unimation para el robot industrial más difundido, el PUMA, tiene una sintaxis similar a BASIC, con comandos añadidos. Se vende con su propio sistema operativo que corre sólo sobre su propio ordenador de control. Tanto lenguaje como sistema fueron programados en C y en el ensamblador de sus controladores (Motorola 6502). VAL-II posee prácticamente todas las características de tiempo real y manejo de eventos antes citados. En el nivel más alto de los lenguajes orientados a robot están dos prototipos de investigación, LM y XPROBE. El primero, creado por J.C. Latombe, parece similar a un lenguaje de aprendizaje, pero su resultado no es una mera repetición de las acciones, sino la generación de un programa con órdenes de movimiento y variables libres, que puede luego editarse para cambiar las posiciones absolutas, de modo que el robot ejecutará la acción en otro lugar de su espacio de trabajo (cosa muy útil cuando las partes están inicialmente en posición desconocida), y se pueden también añadir las órdenes de comprobación continua o puntual de sensores. Un nivel aún más alto es el de XPROBE, en el que el usuario enseña al robot no sólo posiciones y movimientos, sino estrategias sensoriales; esto es posible porque el robot almacena en todo momento los valores de sus sensores, y extrae los conjuntos de valores que considera claves, porque en ellos el usuario ha variado o interrumpido el movimiento. En una siguiente sección se darán ejemplos de programas escritos en algunos de éstos lenguajes que se consideran representativos. Nótese que buena parte de la tarea tediosa que se trataba de automatizar es realizada por estos lenguajes. *Concretamente:*

-Calculan la cinemática inversa, puesto que el usuario especifica posiciones cartesianas (normalmente, en forma de matrices homogéneas).

-Planifican la forma de las trayectorias entre dos puntos (inicial y final) usualmente rectilíneas, y deciden las velocidades y aceleraciones apropiadas, lo cual genera unas funciones de movimiento de las articulaciones con el tiempo.

-Envían los valores pertinentes al controlador: éstos entran como valores de referencia para los lazos de control de cada variable de articulación.

-Procesan los datos de los sensores, dejándolos en una forma útil para su manejo directo por las órdenes o comprobaciones del programa.

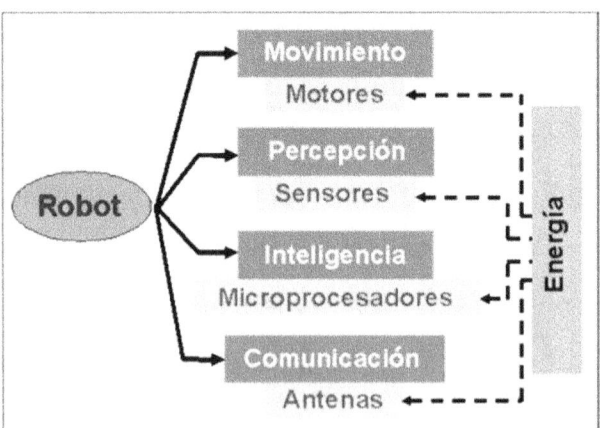

Robots móviles

En los últimos años la investigación sobre robots móviles está adquiriendo gran desarrollo. Ello se debe, en parte, al abaratamiento del hardware necesario para su construcción, y en parte a la nueva concepción industrial de planta de fabricación flexible, que requiere la reconfiguración de la secuencia de acciones necesarias para una producción variada, lo que a su vez exige facilidad de desplazamiento de los materiales entre cualesquiera puntos de la factoría.

Las soluciones a este problema de transporte de material en entornos "flexibles" son varias.

La primera situar las máquinas cerca unas de otras, y organizadas de modo que uno o más brazos robot puedan llevar las piezas entre ellas; esta configuración, un caso particular de las llamadas células de fabricación flexible, es sólo apropiada para un número limitado de máquinas. Otra solución válida es el uso de vehículos autoguiados (denotados usualmente como AGV, Autonomous Guided Vehicles), los cuales recurren para el guiado a sistemas externos preprogramados, tales como un raíl, cables eléctricos enterrados que crean un campo magnético, etc. Finalmente, la mejor solución sería disponer de vehículos autónomos (denotados como ALV, Autonomous Land Vehicles) que se mueven de un punto a otro sin necesidad de ayudas externas (al menos, no en todo momento), lo que los hace capaces de navegación genérica en un entorno dado a partir de órdenes de alto nivel; a la secuencia de tales órdenes se la suele llamar el plan de la misión. Por otra parte, la construcción experimental de (normalmente) pequeños robots móviles en laboratorios universitarios está haciendo surgir un tipo de investigación que aborda los aspectos de conexión sensomotora (como nunca nos cansaremos de recalcar, lo más fundamental en Robótica) desde un punto de vista diferente a aproximaciones anteriores, y que conlleva también un cambio de visión en la concepción clásica de la Inteligencia Artificial, la cual se aborda intentando construir vida artificial. Aun siendo todavía en gran parte materia de investigación, existen algunas tecnologías, métodos y formulaciones matemáticas para robots móviles que, sin estar tan asentadas como las que se usan para manipuladores, han comenzado ya a ser comunes, e incluidas en algún libro de texto.

Se estudiará primero la formulación cinemática, que, análogamente a lo que ocurría en los manipuladores, permitirá conocer la posición del robot respecto a un sistema externo a partir de los datos sobre él que, mediante sus sensores, podemos conocer. Después se hablará de navegación, explicando las técnicas que permiten a un robot móvil desplazarse de modo seguro hasta un objetivo dado, en entornos sólo parcialmente conocidos.

Se mostrarán después los medios (sensores y actuadores más comunes) que se instalan hoy en robots móviles, y su conexión.

Cinemática de robots móviles

Aun cuando es posible construir y describir mecánicamente robots que se desplazan sobre patas, por movimiento alternativo de éstas, aquí nos ocuparemos sólo de los que lo hacen sobre ruedas. Las ruedas siempre estarán en contacto con el suelo, lo que hace que se deba tratar al robot como una cadena cinemática cerrada, donde el suelo actúa también como enlace entre las ruedas. Esto requiere plantearse una formulación para la cinemática bastante diferente a la de los manipuladores.

Hablaremos aquí de dos tipos: cinemática interna, que establecerá la relación entre las articulaciones dentro del robot, y externa, que establecerá esta relación entre el robot y el resto del mundo. Hay una serie de diferencias con los robots estáticos que es preciso señalar:

1. Los robots con ruedas, como ya dijimos, son cadenas cinemáticas cerradas, dado que tienen varias ruedas en contacto simultáneo con el suelo, lo que complica la formulación. Los robots andantes son cadenas cinemáticas alternativamente abiertas y cerradas, según la pata esté o no en contacto con el suelo.

2. Las pseudo-articulaciones del robot móvil tienen dos grados de libertad, es decir, forman un par link-joint de orden superior, con un único punto de contacto (el de la rueda con el suelo).

3. Algunos grados de libertad pueden no estar conectados a ningún actuador.

4. No será necesario medir posición, velocidad y aceleración de cada enlace, porque hay ligaduras entre unos y otros, de modo que no todos los grados de libertad del robot van a ser independientes.

Para que el análisis que vamos a plantear sea válido, necesitamos admitir ciertas restricciones.

Concretamente, sólo consideraremos robots capaces de locomoción sobre una superficie mediante la acción de ruedas montadas en el robot y en contacto con dicha superficie. Las ruedas se suponen montadas en dispositivos que proveen o permiten movimiento relativo entre su punto de anclaje (punto de guiado) y una superficie (el suelo) con la cual debe haber un único punto de contacto rodante.

Se asume que:

-El robot está construido con mecanismos rígidos.

-Hay no más de un enlace de guiado por cada rueda.

-Todos los ejes de guiado son perpendiculares al suelo.

-La superficie de movimiento es un plano.

-No hay deslizamiento entre las ruedas y el suelo.

-La fricción es suficientemente pequeña como para permitir el giro de cualquier rueda alrededor del eje de guiado.

Todas estas suposiciones se cumplen razonablemente bien en la mayoría de los robots móviles actuales, excepto la penúltima (y, dependiendo del terreno, también la antepenúltima).

El deslizamiento es, de hecho, el mayor problema con que se encuentra cualquier robot móvil a la hora de establecer una autolocalización precisa.

Procederemos ahora a asignar sistemas de coordenadas fijos a determinados puntos que nos permitirán, por análisis de las trasformaciones entre unos y otros, establecer la cinemática. Sea una rueda montada sobre una pieza, digamos una regleta, jada al cuerpo del robot. La rueda puede girar alrededor de un eje vertical (el eje de guiado) que se articula en el extremo de la regleta.

Los sistemas de coordenadas se asignan del modo siguiente:

El eje z de cualquier sistema es siempre perpendicular al suelo. En realidad, analizaremos el movimiento en el plano, y por tanto, la tercera coordenada será ignorada en todos los casos.

Navegación

Se llama navegación al conjunto de métodos y técnicas usados para dirigir el curso de un robot móvil a medida que éste atraviesa su entorno. Se supone que se debe llegar a algún destino pedido, sin perderse y sin chocar ni con obstáculos fijos, ni con otros móviles que eventualmente puedan aparecer en el camino.

Para efectuar navegación lo más común es disponer de un mapa, aunque no necesariamente.

Mapa

Mapa es cualquier tipo de representación del entorno en la memoria del robot; inmediatamente veremos los principales tipos. A partir de un mapa, se puede determinar un camino apropiado entre dos puntos pedidos, lo cual será más o menos complejo según haya sido la representación escogida. Por último, habrá que seguir ese camino. Para ello, se usa la autolocalización, de varios modos diferentes.

El algoritmo genérico que un robot móvil emplearía para navegar podría ser:

- Comienzo (de la tarea).
- Si existe un mapa entonces buscar caminos en el mapa.
- Seleccionar uno usando una función de evaluación.

- Si el camino es complejo, entonces descomponer en subcaminos.
- Recoger datos sensoriales del entorno.
- Mientras no estemos en el objetivo hacer Seguir el primer camino.
- Si se cumple el subobjetivo entonces obtener siguiente subobjetivo.
- Recoger datos sensoriales del entorno.
- Si hay un objeto en el camino entonces parar el robot.
- Si el objeto es estacionario entonces actualizar el mapa.
- Buscar un camino alternativo al subobjetivo.
- Si tal camino existe entonces seguirlo sino cortar el programa y replanificar la tarea (objeto móvil).
- Parar y esperar a que el camino este libre (mientras).
- (Robot en el objetivo) sino (no existe un mapa) entonces mientras no estemos en el objetivo recoger datos sensoriales del entorno.
- Si entorno en la dirección del objetivo está libre entonces moverse hacia el objetivo (objeto en el camino).

- Si entorno en otras direcciones está libre entonces seleccionar una dirección de modo heurístico.
- Moverse en esa dirección (el robot está atrapado).
- Cortar el programa y replanificar la tarea.

Mapas del entorno

Será necesario desarrollar estructuras de datos apropiadas para el almacenamiento del tipo de información que el robot va a necesitar, así como algoritmos para su manipulación; las estructuras usadas deben permitir combinar la información adquirida por los sensores externos con la ya almacenada en el mapa. Las características que debería tener una buena estructura de datos serían:

- Debe encajar con el método escogido de planificación de caminos.
- Debe minimizar el número de elementos ambiguos (conteniendo a la vez objeto y espacio libre).
- Debe reflejar formas complejas con la máxima precisión, o al menos con la suficiente.

- Debe almacenar formas complejas con un número pequeño de elementos.
- Debe almacenar formas (o espacio libre) grandes con los mínimos elementos que sea posible.
- Debe poder manejar mapas locales y globales.
- Debe poder almacenar el estado de las áreas mapeadas.
- Debe facilitar el movimiento desde un elemento de la estructura a elementos adyacentes.
- Debe incluir subestructuras para almacenar caminos.
- Debe poder ser fácilmente manipulada por los algoritmos de localización, búsqueda de caminos y navegación.
- Debe poder ser fácilmente extendida para incorporar nueva información procedente del proceso sensorial.
- Realmente, ninguna de las estructuras de datos propuestas cumple todos los requisitos.
- En cada aplicación particular hay que elegir la que cumpla los más necesarios para ella.

Tipos de mapas que son comúnmente usados

Primeramente, están los basados en información sensorial, con dos tipos:

-Mapas de marcas en el terreno (landmarks): algunas localizaciones particulares fácilmente identificables por el sistema sensorial del robot (cierta esquina, un grupo de objetos bien visibles o tubos de neón, etc.) actúan como marcas relevantes (landmarks). Se representan como nodos de un grafo (que pueden tener características asociadas, para garantizar su identificación unívoca), los cuales se unen por los arcos del grafo que normalmente, representan la accesibilidad (si existe arco entre dos nodos, el robot puede desplazarse directamente de uno a otro de los landmarks a los que los nodos representan). Estos arcos pueden también estar etiquetados con características del recorrido como distancia, dirección, tiempo de tránsito, etc.

-Mapas de ocupación: Se basan en representar el terreno como una retícula, regular o no, cada una de cuyas casillas contiene un valor útil para el robot, que suele ser la certitud de ocupación, es decir, qué grado de creencia tiene el robot sobre el estado de una determinada casilla, desde -1 (es seguro que está libre) hasta +1 (es seguro que está ocupada) pasando por 0 (no hay evidencia en ningún sentido).

Estos mapas se pueden construir por métodos visuales, mediante la toma de imágenes por un par estéreo de cámaras (o una sola que va a bordo del robot y se sitúa en varias posiciones), a partir de las proyecciones de puntos límite de un objeto.

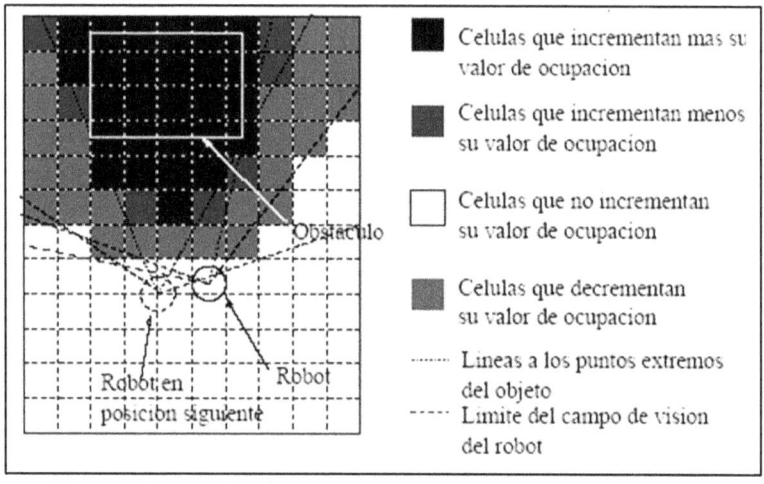

Mapa visión del robot

Tipos:

-Mapas de espacio libre: al igual que en los mapas de marcas, la estructura de almacenamiento elegida es también el grafo, pero esta vez cada nodo representa un punto de parada donde el robot pueda detenerse para sensorizar el entorno. Los arcos son líneas rectas que el robot pueda recorrer entre estos puntos sin encontrar obstáculos; evidentemente, limitarán a los posibles obstáculos. Nótese que aquí los datos almacenados sí tienen correspondencia física directa; el dual de uno de estos mapas sería el diagrama de Voronoi, donde cada polígono conteniendo a un punto de detención puede estar o bien completamente libre, o bien puede contener parcialmente a algún objeto.

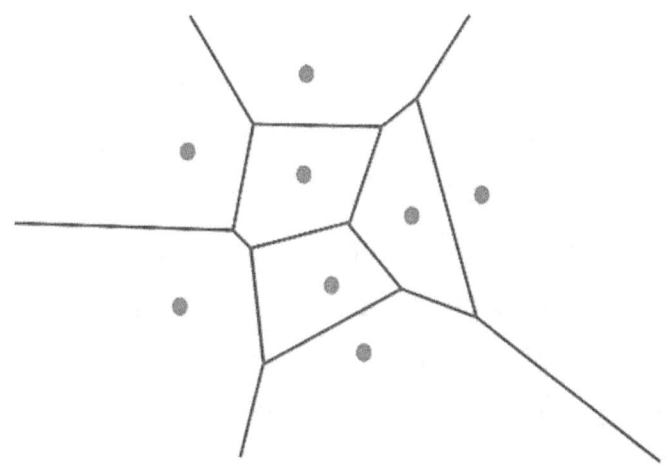

Diagrama de Voronoi

Los diagramas de Voronoi son una de las estructuras fundamentales dentro de la Geometría Computacional, de alguna forma ellos almacenan toda la información referente a la proximidad entre puntos. Son numerosísimas sus aplicaciones. También es aplicado en la robótica.

-Mapas de objetos: Como su nombre indica, lo que se almacena en ellos son los objetos (obstáculos) que el robot puede encontrar en su trayectoria, de varios modos; los más normales son considerar al objeto como un polígono, almacenar su punto central y la extensión máxima en una serie de direcciones desde él; otro modo es caracterizarlo como una de entre un conjunto de guras geométricas dadas, y dar su posición y la orientación de un eje propio de esa figura.

-Mapas compuestos: almacenan tanto información de objetos como de espacio libre. Una posibilidad es dividir el espacio en regiones arbitrarias, pero conocidas, e indicar en cada una de ellas si está totalmente libre, totalmente ocupada, o parcialmente ocupada. Otra alternativa es una retícula de puntos con un indicador de estado en cada punto, y una lista de a cuáles de los puntos adyacentes se puede acceder directamente; la retícula puede hacerse más o menos densa, en función del tamaño del robot.

-Quadtrees: Dividen el espacio mediante una retícula, y proceden por subdivisión recursiva de la misma, mientras la celda resultante sea subdividible, siendo el criterio el que no tenga toda ella el mismo carácter de ocupación.

-Mapas basados en reglas: el entorno del robot se describe como una colección de predicados del cálculo proposicional, como por ej.: Derecha (punto1, mesa), distancia (punto1, punto2,), dirección (punto2, armario, 45), etc. y se trata de encontrar un camino libre mediante la manipulación simbólica de estas expresiones siguiendo las reglas del cálculo de predicados y una serie de proposiciones que expresan el conocimiento geométrico usual.

Autolocalización

Después de haber descrito los mapas, el paso obvio es explicar cómo un robot móvil es capaz de saber en qué punto del mapa se encuentra. Para ello, se puede recurrir a la información aportada por los dos tipos posibles de sensores: internos y externos. Los principales procedimientos para la autolocalización (dead reckroning) son la odometría y el uso de balizas.

-Odometría: Es posible conocer la velocidad instantánea del robot respecto a un sistema externo a partir del conocimiento de la velocidad de las ruedas.

Será necesario instalar sensores de posición angular (normalmente, codificadores ópticos) en cada rueda.

Pueden ser marcas visuales (tubos de neón, o bandas de colores), o emisores de infrarrojos, cada uno emitiendo una señal modulada con un código conocido. Estas señales pueden ser recogidas por una óptica apropiada y proyectadas sobre una cámara CCD o un array de fotodiodos, que sirve para determinar la dirección de la que proceden. Conociendo al menos dos de éstas direcciones (aunque pueden ser más) y las posiciones absolutas de las balizas es posible determinar por triangulación la posición del robot.

Planificación y seguimiento de caminos

El problema ahora es, dados un punto inicial y un punto final (meta) especificados sobre el modelo de mapa propuesto, encontrar en dicho mapa un camino libre de colisión que el robot pueda seguir. Para hacerlo físicamente, comprobará continua o intermitentemente que se encuentra sobre los puntos del camino, usando alguna de las técnicas de autolocalización ya explicadas.

Mucho de lo hecho en planificación de caminos se deriva de los métodos propuestos para manipuladores, pero simplificados a dos dimensiones. En general, no se considera el caso de que un robot móvil pueda pasar bajo un obstáculo.

Requerimientos de un planificador de caminos

-Encontrar un camino que el robot pueda atravesar sin colisión.

-Manejar la incertidumbre en el modelo del mundo que debe instanciarse con los datos imprecisos de los sensores.

-Mantener el robot lo más lejos posible de los objetos, para que los sensores den menos datos y así se requiera menos proceso.

-Encontrar el camino óptimo (el mejor entre los posibles) y seguirlo de un modo suave.

Modos de planificar un camino

-Por guiado: consiste en llevar al robot físicamente a una serie de lugares preestablecidos, y almacenar las impresiones sensoriales que se reciben en cada uno de ellos, así como la dirección o direcciones de desplazamiento posterior hacia el/los siguiente(s) punto(s) importantes(s). Para alcanzar el punto deseado se pueden implantar lazos de realimentación que operen tomando directamente como entrada las señales sensoriales, y que generen señales de control para los actuadores, evitando el cálculo de la posición absoluta, no útil en este caso.

-Automáticamente: Aquí entran en juego algoritmos que dependen fuertemente de la representación usada para el mapa. En mapas de tipo grafo, siendo los nodos posiciones de referencia a comprobar con los sensores, la planificación consiste en encontrar el camino de mínima distancia en el grafo. La distancia se define en función de los costes de cada arco, que pueden ser bien distancias físicas, o algún otro tipo de penalización asociada a ese desplazamiento (p. ej., debida a la estrechez de un pasillo que obliga a reducir la velocidad, etc.). En mapas que contienen los objetos, los planificadores tratan de encontrar caminos por el espacio libre lo más alejados posible de los objetos. Esto es bueno en pasillos estrechos, pero puede ser ineficiente en zonas anchas, por elegir caminos más largos.

En planificadores de este tipo, pero más sofisticados, se tienen en cuenta las restricciones cinemáticas del robot, al que no se simplifica como un círculo, sino que se trata con su forma y capacidad de giro real, y se determina si se pueden negociar las esquinas, y en su caso, cómo. Este problema se conoce en la literatura como el del "transportista de pianos". Una forma de determinar la accesibilidad de un espacio dado por un robot concreto consiste en desplazar de modo ficticio un modelo geométrico del robot de modo que toque a las fronteras de todos los objetos, y esto en todas las orientaciones posibles. Si el robot se modela como un círculo, el simple desplazamiento es suficiente. De este modo, se tiene un nuevo mapa con los objetos recrecidos según la forma del robot, el cual puede entonces considerarse como un punto, que es más fácil de tratar geométricamente.

Una vez decidido qué camino se debe recorrer, hay que proveer los medios para el efectivo seguimiento del mismo.

Respecto a la tecnología usada, debemos referirnos a los sensores y a los actuadores.

Muchos de los sensores pueden fácilmente ser adaptados, o usados tal cual.

Entre ellos son habituales:

-Fotoresistencias o fototransistores: Se usan para implementar fototaxias (seguimiento de fuentes de luz). Su salida se conecta a un conversor A/D, o a un simple comparador, dependiendo del uso que se quiera hacer (si importa el valor de la señal, o sólo si ésta es superior a un umbral).

-Sensores de proximidad por infrarrojos: Son sensibles a radiación alrededor de los 880nm. Existen detectores encapsulados que contienen emisor y receptor; modulan la emisión, y responden sólo a ese patrón de modulación, con lo que evitan interferencias de fuentes externas de infrarrojos. El hardware que necesitan es un oscilador (de cuarzo) para el emisor, y un conversor A/D o comparador para el receptor.

-Sensores piroeléctricos: Son resistencias variables con la temperatura. Se usan para seguir fuentes de calor.

-Sensores de contacto por doblez: Constan de un eje metálico con una capa de pintura conductora que varía su resistencia al doblarse. Se conectan a un conversor A/D.

-Microinterruptores de choque (bumpers): Se usan con una palanca que los activa al chocar el robot con algún obstáculo. Se conectan directamente a entradas digitales del microcontrolador del robot.

-Sonares: El modelo más usado es el Polaroid TM. El hardware que usan es un contador, para saber el tiempo transcurrido entre la ida y la vuelta del impulso ultrasónico, y circuitos especiales para generar el pulso.

-Codificadores ópticos: Normalmente de tipo incremental, se instalan en todas o algunas de las ruedas, tanto en el eje de giro como en el de guiado. Como ya se vio, requieren un hardware específico para la cuenta de pulsos, aunque ésta se pueda hacer también por software, conectado las señales de cada canal a puertos de entrada, y manteniendo un proceso dedicado a monitorizarlos.

-Giróscopos: Son análogos a los usados en los sistemas de navegación inercial de los aviones, pero algo más simples. Son raramente usados por su precio. Existen versiones electrónicas baratas basadas en sensores de estado sólido que sólo miden la velocidad de giro, pero no la orientación absoluta.

-Inclinómetros: Se basan en un codificador óptico en posición vertical con un péndulo colgado de él, o bien en una gota de mercurio sobre un platillo horizontal con contactos repartidos regularmente alrededor de ella.

-Brújulas: Deberían dar la orientación absoluta usando el campo magnético terrestre. No son muy usadas, porque aunque en exteriores dan medidas aceptables, en interiores y sobre todo con campos magnéticos provocados por la circuitería o maquinaria circundante no son fiables.

-Cámaras de TV: Se suelen usar modelos en miniatura, de tipo CCD. Tienen los inconvenientes de requerir un hardware más complicado (una placa digital de imagen) y generar un volumen de información difícilmente tratable en tiempo real sin hardware específico.

En cuanto a los actuadores, se suelen usar siempre motores eléctricos de CC, por su facilidad de control. Se conectan a engranajes reductores para disminuir la velocidad y aumentar la potencia. Si la corriente que necesitan no es muy alta (robots pequeños no muy pesados con dos motores pueden consumir de 0.5 a 2 A por motor), existen reguladores encapsulados que pueden proporcionarla, los cuales se controlan por modulación en anchura de pulso (PWM). Los lazos de realimentación para el control de las ruedas se suelen realizar por software, que va leyendo los registros asociados a los codificadores, y envía una señal digital que luego se convierte en analógica y activa los dispositivos de potencia. El control es, por supuesto, siempre discreto. Los sistemas de locomoción son variados. El modelo más común consiste en usar dos ruedas motrices independientes con sus ejes alineados perpendicularmente a la dirección de avance. La forma del robot suele ser compacta, mejor circular, para ganar maniobrabilidad. La energía es un punto muy problemático. Hasta ahora, las baterías que podían dar suficiente corriente eran muy pesadas; hoy día existen modelos recargables de Ni-Cd más ligeros.

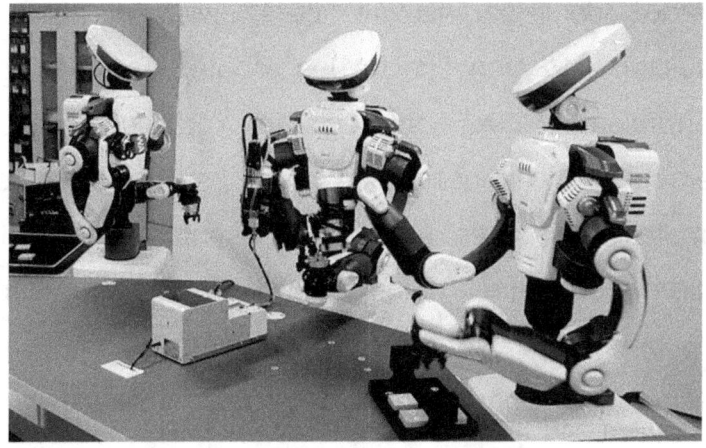

Robots para manufactura (Operator)

Inteligencia artificial en los robots

Inteligencia artificial (IA) y Robótica

En principio, se piensa en un robot como un dispositivo para facilitar, aliviar, o incluso hacer posibles ciertos tipos de trabajos indeseados, por peligrosos, repetitivos o necesitados de precisión extrema. En esta línea se entiende la definición de robot de la RIA (Robot Industries Association). Robot es un manipulador reprogramable multifuncional diseñado para mover material, partes, herramientas o dispositivos especializados mediante movimientos programados variables para la ejecución de diversas tareas. Como entonces dijimos, la definición es general, porque no restringe la tecnología usada, ni el método de programación, pero olvida el aspecto estrictamente científico de los robots: su uso como herramientas para entender los procesos de la percepción y la acción en entornos reales, no en simulaciones ni en modelos. Evidentemente, nadie quiere robots que no funcionen, o que no hagan nada útil, pero, como será comentado más extensamente después, no podrán hacer nada realmente útil si no aprenden desde el principio a hacerlo en un entorno real. Por eso, una definición alternativa de Robótica podría ser "La ciencia que estudia los robots como sistemas que operan en algún entorno real, estableciendo algún tipo de conexión inteligente entre percepción y acción". Descendiendo a temas más concretos, los robots se han usado hasta ahora en instalaciones industriales esencialmente como robots de montaje, soldadura o pintura de maquinaria (coches, etc.). Su característica es la repetición de las acciones preprogramadas sin variación, o a lo sumo con el uso de sensores cuya información detiene el robot en caso de colisión, o ajusta la fuerza o la inclinación del brazo. Una serie de problemas importantes relacionados con el control de bajo nivel (teoría de control de sistemas dinámicos, identificación, modelización, estabilidad, etc.) han sido formulados y resueltos para su uso en estos sistemas, y ello ha permitido una mejora técnica importante. No obstante, tal clase de robots carece por completo de cualquier comportamiento que podamos llamar inteligente, y en este sentido se acercan más a las máquinas-herramienta que a la moderna concepción de un robot. Un avance sobre ellos lo representan los sistemas para la clasificación o el ensamblado de piezas en las que éstas llegan al entorno de trabajo en posiciones u orientaciones variables, o con defectos. Aquí ya tenemos un cierto comportamiento inteligente, si bien la mayoría de las veces preprogramado, no adaptativo. Recordemos que la auténtica inteligencia es aquella que aprende, y mejora su eficacia en la ejecución de la tarea requerida con el paso del tiempo. El siguiente paso lo constituirían los robots móviles, cuya principal actividad es el desplazamiento (navegación) en un entorno no conocido (al menos en todos sus aspectos) e incluso dinámicamente cambiante (gente u otros robots moviéndose). Las aplicaciones de un sistema eficiente de este tipo serían muy variadas: desde carretillas transportadoras en naves industriales, hasta robots de exploración extraterrestre (en este último caso una navegación eficiente sería competencia esencial, dado que es imposible el control en tiempo real). El último paso, de momento solo atisbado, sería un robot de propósito general, no en el sentido de que ejecutase todas las tareas posibles (lo cual es obviamente imposible, ni siquiera los humanos lo hacemos) sino de que, en un entorno dado, fuese capaz de sobrevivir, enfrentarse a situaciones nuevas y adaptarse a ellas para seguir realizando, al menos en cierta medida, la tarea o tareas para las que se le diseñó.

Nociones de inteligencia y su aplicación en Robótica

Es obvio que un sistema general del tipo apuntado en el apartado anterior requiere un cierto grado de inteligencia, y es por ello el momento de clarificar qué entendemos por inteligencia, y qué queremos decir con la expresión "un cierto grado". Frecuentemente se atribuye a los humanos el monopolio de la inteligencia, y esto es cierto si sólo consideramos como tal al razonamiento de alto nivel, el uso de lenguaje simbólico, y tareas similares. Pero no deberíamos olvidar (y la Inteligencia Artificial clásica lo ha hecho frecuentemente) que todas estas capacidades se asientan en, y necesitan de, facultades inferiores, como el proceso de la información visual (necesario para el establecimiento de relaciones espaciales), el sentido del equilibrio (necesario para la navegación en terreno irregular) o el tacto (para el ajuste de la fuerza en operaciones de prensión). Por eso, en opinión de bastantes psicólogos y etólogos, debería considerarse inteligencia tanto al razonamiento como al conocimiento de sentido común. Es un error bastante extendido el suponer que la dificultad real estriba en el primero, y que el segundo puede, o podrá en un futuro, programarse con relativa facilidad a partir de los modelos del mundo que el razonamiento haya construido. Lo erróneo de esta afirmación puede comprobarse en el hecho de que se ha obtenido un razonable éxito en la escritura de programas que juegan al ajedrez, o razonan en un dominio particular (sistemas expertos) mientras que los intentos por construir sistemas de visión de alto nivel (capaces de interpretar lo que están viendo) ha fracasado, incluso en entornos restringidos. Ello tiene, sin duda, relación con el hecho de que el córtex visual humano ocupa casi el 20% de la corteza cerebral, mientras que las neuronas dedicadas al razonamiento analítico parecen ser menos de un 3% (estas cifras varían bastante con los autores). En cualquier caso, está apareciendo claramente la idea de que un robot eficiente requerirá un buen sistema de percepción del entorno (lo cual no necesariamente significa muy complejo) que sea capaz de tomar datos de una variedad de fuentes (sensores táctiles, acústicos, olfativos, cinéticos, de distancia, y por supuesto, visuales) y fundirlos en una estructura de información coherente, tomando las piezas necesarias (pero no más) y desechando las erróneas (debidas al ruido, que está inevitablemente presente en cualquier medida de cualquier sensor). Este proceso es lo que se conoce como "Data Fusión" (fusión de datos) y es uno de los temas que está despertando atención en la investigación en Robótica de los últimos años. Al mismo tiempo que el robot toma sus datos y los procesa, debe ejecutar una o más tares, la principal de las cuales (especialmente para robots móviles) es sobrevivir, entendiendo por tal no quedarse parado, o atascado en un bucle infinito, o encajado en un lugar sin salida. Para ello no necesariamente tiene que conocer (en el mismo sentido que los humanos) qué se entiende por lugar sin salida. Es, a menudo, suficiente una serie de reflejos que le hagan huir de las paredes si están lo rodean (activan simultáneamente varios sensores situados en puntos opuestos del robot). Por último, las tareas que ejecute un robot deben ser las que se espera de él (si es que se desea, como es lógico, un provecho comercial) pero hay que hacer notar que algunas de éstas, incluso muy complejas, pueden emerger como resultado de la interacción de reflejos simples, de la cooperación de varios organismos (el caso de los insectos sociales) y de la complejidad del entorno. Muchas veces tendemos a antropomorfizar estos comportamientos y a establecer categorías de intencionalidad en comportamientos que de hecho no las tienen.

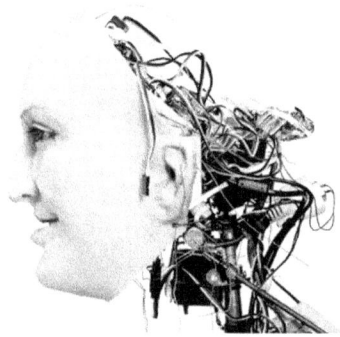

Cabeza de robot androide

Relación Inteligencia Artificial-Robótica

Desde los primeros tiempos de la Inteligencia Artificial (finales de los años 60 y principios de los 70) la relación de ésta con la Robótica ha pasado por vicisitudes diversas. En un primer momento se consideró a la Robótica parte de la IA, y así aparece en varios libros antiguos. Esto es, quizá, herencia de la Cibernética, que trataba de entender los organismos vivos (incluidos los inteligentes) como sistemas de control, frecuentemente organizados en una jerarquía que, idealmente, debía explicar el funcionamiento de sistemas arbitrariamente complejos, incluso la biosfera completa, en términos de sistemas que tratan de conservar el equilibrio (el valor de ciertas variables de estado). Como ejemplo, la tortuga de Walker, un mecanismo descrito por éste en 1951, se construía como un dispositivo móvil con ruedas y detectores luminosos que seguía o huía de fuentes de luz. Reflejos elementales "programados con diferentes cableados de sus conexiones permitían exhibir comportamientos complejos, especialmente cuando dos o más de estos dispositivos dotado de luces interactuaban. Después la Robótica comenzó a tomar un camino más técnico, centrándose especialmente en problemas de control como los ya formulados desde muy antiguo (la clepsidra, el telar de vapor) pero más complejos, que son abordados con herramientas matemáticas como las transformadas integrales. Desde hace varios años, y con la introducción del control por computadores digitales, han aparecido los problemas de discreción que han sido elegantemente abordados mediante, la transformada Z, que permite generalizar muchos de los resultados conocidos para sistemas continuos. En cuanto al uso de sensores, o bien se ha hecho acoplándolos directamente a un bucle de realimentación (robots de soldadura dotados del llamado control híbrido) o bien se ha procesado su información según un modelo basado en la idea de la mente que tiene la Inteligencia Artificial clásica.

Robótica clásica

El modelo de inteligencia que la IA clásica pretende construir está basado en el paradigma, denotado por Haugeland como GOFAI1 que se sustenta en la hipótesis del Sistema Físico de Símbolos (PSSH) de Newell y Simon, la cual dice que: "Un sistema físico de símbolos posee los medios necesarios y suficientes para producir acción inteligente general". Esto significa que, si construimos un sistema de símbolos (proposiciones, u otros) que modelen suficientemente bien un aspecto de la realidad, podremos razonar sobre los modelos, de tal modo que el resultado nos indique el comportamiento del sistema real, y cómo influirá sobre él cualquiera de nuestras actuaciones. Si el modelo se trata de un modelo del mundo físico (o incluso no físico) en su conjunto, podríamos obtener inteligencia general (en el sentido humano del término).

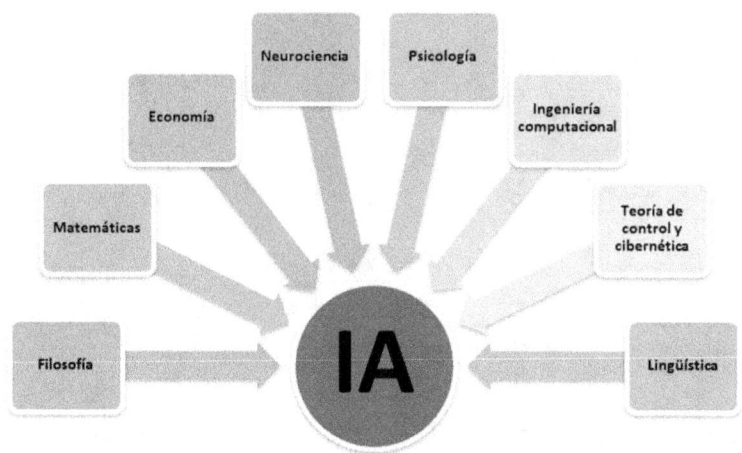

Componentes de la IA (Inteligencia Artificial)

Definición de Red Neuronal Artificial:

Es un arreglo masivo de elementos de procesamiento simple llamados neuronas, los cuales poseen un alto grado de interconectividad entre sus elementos, en los que la información puede fluir en cascada o en retroceso. Las RNA funcionamiento paralelo y organización jerárquica.

Estos arreglos están inspirados en la naturaleza biológica de las neuronas.

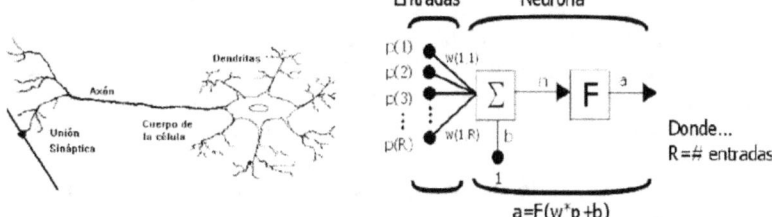

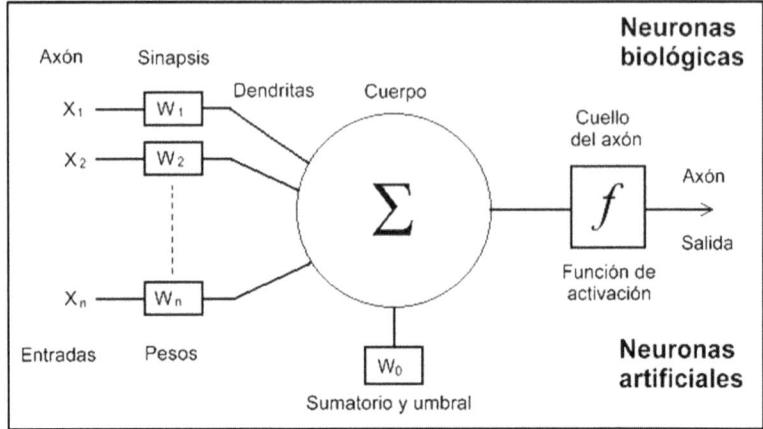

Modelo neuronal de McCulloch-Pitts

El primer modelo matemático de una neurona artificial, creado con el fin de llevar a cabo tareas simples, fue presentado en el año 1943 en un trabajo conjunto entre el psiquiatra y neuroanatomista Warren Mc Culloch y el matemático Walter Pitts.

La figura muestra un ejemplo de modelo neuronal con nn entradas, que consta de:
- *Un conjunto de entradas: x1,...xnx1,...xn.*
- *Los pesos sinápticos: w1,...wnw1,...wn, corresponde a cada entrada.*
- *Una función de agregación: ΣΣ.*
- *Una función de activación: ff.*
- *Una salida: YY.*

Las entradas son el estímulo que la neurona artificial recibe del entorno que la rodea, y la salida es la respuesta a tal estímulo. La neurona puede adaptarse al medio circundante y aprender de él modificando el valor de sus pesos sinápticos, y por ello son conocidos como los parámetros libres del modelo, ya que pueden ser modificados y adaptados para realizar una tarea determinada.

Automatización y mecanización

Desde la utilización de palos y piedras por nuestros antepasados, hasta el momento actual, la evolución de la forma de trabajar y crear objetos ha pasado por los diversos estados. En el comienzo existían herramientas de uso cotidiano (palos, cuchillos de madera y de piedra, flechas de huesos) herramientas del neolítico. Luego se crearon herramientas especializadas (escoplos, martillos, buril, gubia) son los artesanos quienes saben utilizar adecuadamente las herramientas y cada herramienta es la adecuada para un tipo de trabajo denominado trabajo artesano. A continuación se crean las máquinas herramientas (taladradora, fresadora). La fuerza bruta la realizan las máquinas, a pesar de que son necesarios operarios especializados para manejarlas. Por último se desarrollan los sistemas automáticos (automatismos y robots), el sistema se encarga de manejar a las máquinas herramientas, el operario especializado no es necesario, el hombre pasa a ser el supervisor. Estos estados siguen conviviendo en la actualidad ya que no ha desaparecido ninguno de los anteriores con la aparición del nuevo. Lo que más nos interesa en este momento es ver esta evolución sobre la industria, y la obtención de piezas.

Mecanización

La mecanización consiste en la obtención de piezas mediante herramientas y máquinas herramientas. En un principio la obtención de las piezas se realizaba de forma manual el operario se encargaba de realizar el mecanizado con herramientas manuales, sierra, lima, cincel, buril, etc. Este trabajo se ha visto ayudado por las máquinas herramientas que facilitan notablemente la obtención de piezas con mayor precisión, en menor tiempo y como consecuencia de menor coste. Algunas de las máquinas herramienta utilizadas son: El taladro, cepillo, fresadora, torno, sierra, etc.

Automatización

El término griego "automatos" significa que se mueve por el mismo. Los autómatas, se tiene constancia que ya existían en la Grecia antigua, también se utilizaron en Egipto en estatuas articuladas que adoraban a Dios y a difuntos de importancia, utilizaban dispositivos invisibles a los fieles que eran casi siempre originados utilizando aire, colocado en vejigas de animales, que al dilatarse por pequeñas presiones hacían que se moviera la figura. Es durante el siglo XVIII cuando sufren su mayor desarrollo, pero casi siempre se trata de sistema mecánicos con forma humana. Durante el siglo XX, con ayuda de la electrónica, la automatización y sistematización de procesos ha sufrido un gran auge, y ha conseguido abaratar aún más la construcción de piezas y su montaje. La automatización, actualmente, se emplea en la obtención de productos sin la necesidad de intervención humana en el proceso.

Robotización

Un robot es una máquina o ingenio electrónico programable, capaz de manipular objetos y realizar operaciones antes reservadas solo a las personas. Por ello los robots se hacen necesarios durante la automatización y así poder eliminar al hombre durante la producción. Es especialmente útil en lugares donde el ambiente de trabajo es perjudicial para las personas. Un ejemplo es un tren de pintura de coches. Por otra parte los robots pueden ser reprogramados y un mismo robot realizar tares diversas según nos convenga.

Sistemas de control

Entendemos como un sistema de control a la combinación de componentes que actúan juntos para realizar el control de un proceso. Este control se puede hacer de forma continua, es decir en todo momento o de forma discreta, es decir cada cierto tiempo. Cuando el sistema es continuo, el control se realiza con elementos continuos. Cuando el sistema es discreto, el control se realiza con elementos digitales como el ordenador, por lo que hay que digitalizar los valores antes de su procesamiento y volver a convertirlos tras el procesamiento. En cualquier caso existen dos tipos de sistemas, sistemas en lazo abierto y sistemas en lazo cerrado.

Sistemas en lazo abierto

Son aquellos en los que la salida no tiene influencia sobre la señal de entrada.

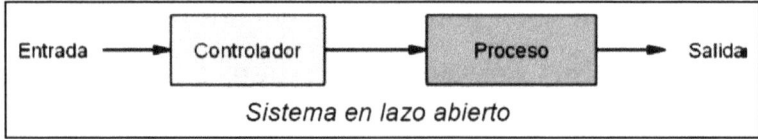

Un ejemplo puede ser el amplificador de sonido de un equipo de música.

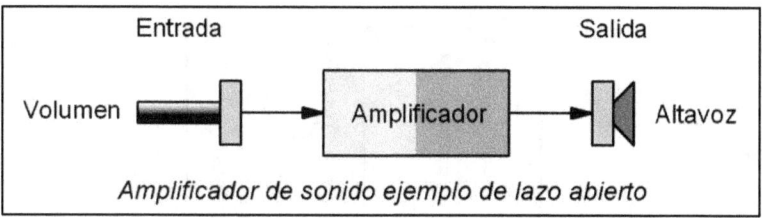
Amplificador de sonido ejemplo de lazo abierto

Cuando nosotros variamos el potenciómetro de volumen, varia la cantidad de potencia que entrega el altavoz, pero el sistema no sabe si se ha producido la variación que deseamos o no.

Sistemas en lazo cerrado

Son aquellos en los que la salida influye sobre la señal de entrada.

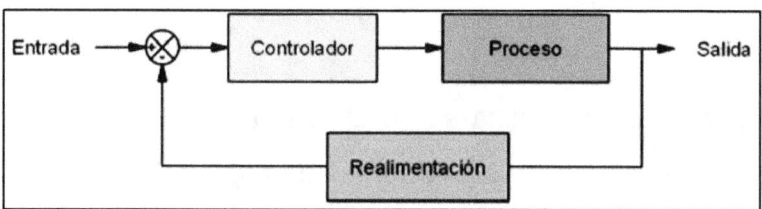
Sistema de lazo cerrado

Un ejemplo puede ser el llenado del agua de la cisterna de un inodoro.

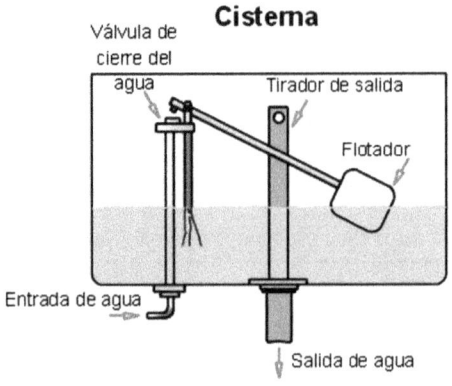

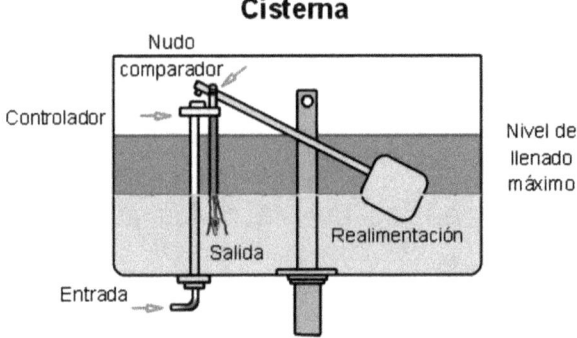

Llenado de una cisterna de agua ejemplo de lazo cerrado

El control se realiza sobre el nivel de agua que debe contener la cisterna. Cuando tiramos del tirador de salida, la cisterna queda vacía. En ese momento el flotador baja y comienza a entrar agua en la cisterna. Cuando el flotador sube lo suficiente, la varilla que contiene en un extremo al flotador y en el otro el pivote que presiona sobre la válvula de agua, se inclina de manera que el pivote presiona sobre la válvula y hace que disminuya la entrada de agua. Cuanto más cerca está del nivel deseado más presiona y menor cantidad de agua entra, hasta estrangular totalmente la entrada de agua en la cisterna. En la figura inferior se puede observar los distintos componentes del bucle cerrado. Entrada de agua, controlador (válvula), nudo comparador (lo realiza tanto la válvula como el pivote y la palanca de la varilla), la realimentación (el flotador junto con la varilla y la palanca) y la salida de agua (que hace subir el nivel del agua).

Sistemas discretos

Los sistemas discretos son aquellos que realizan el control cada cierto tiempo. En la actualidad se utilizan sistemas digitales para el control, siendo el ordenador el más utilizado, por su fácil programación y versatilidad. El control en los robots generalmente corresponde con sistemas discretos en lazo cerrado, realizado por computador. El ordenador toma los datos de los sensores y activa los actuadores en intervalos lo más cortos posibles del orden de milisegundos.

Arquitectura de un robot

La utilización de un robot, se hace muy común en un gran número de aplicaciones, donde se pretende sustituir a las personas, por lo que el aspecto del robot es muy parecido al brazo humano. Consta de una base que está unido a un cuerpo y un brazo unido al cuerpo. El brazo puede estar descompuesto en antebrazo, brazo, muñeca y mano. Para poder conocer el estado de las variables del entorno utiliza sensores, que facilitan la información al ordenador, una vez analizada, realiza las actuaciones necesarias por medio de los actuadores.

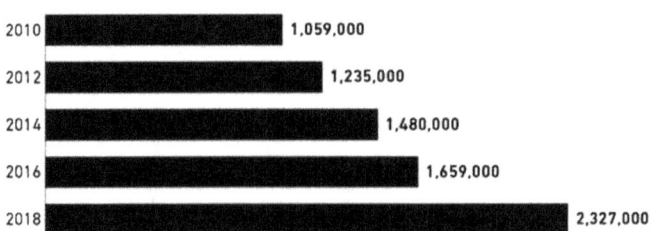

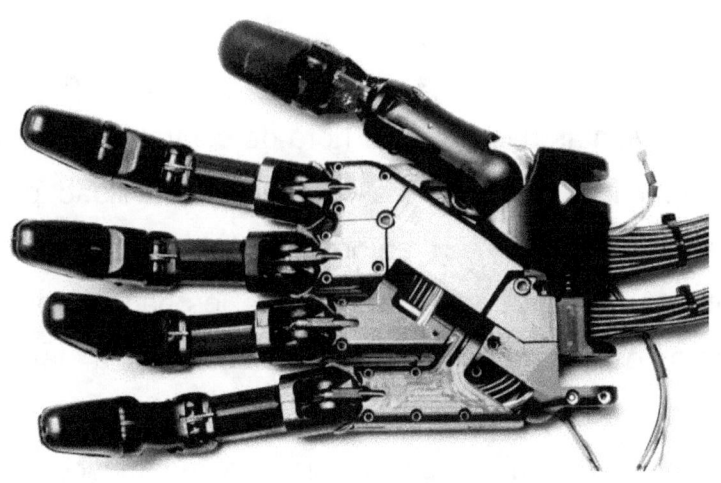

Mano de un robot

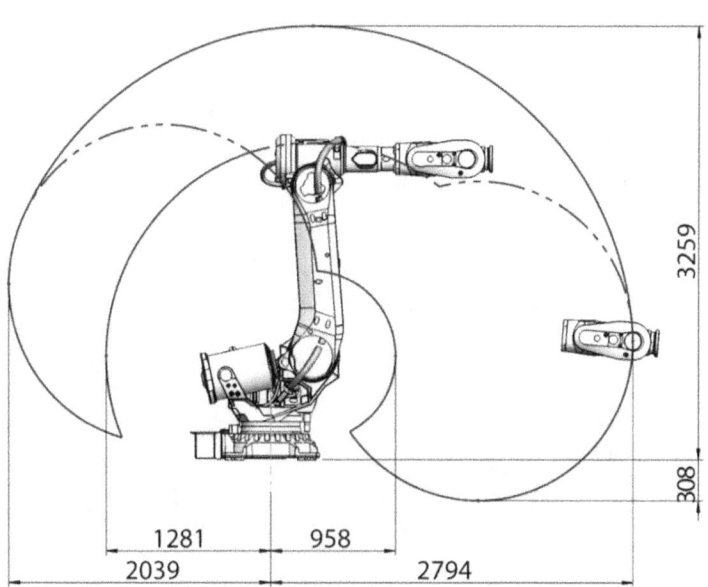

Plano de movimientos de un brazo de robot

Control de robots por ordenador

El ordenador se ha convertido en una de las herramientas básicas, a la hora de controlar sistemas automáticos y robots. La versatilidad, facilidad para reprogramarlos y un entorno gráfico amigable son algunas de las características que los hacen ideales para esta tarea. Sólo es necesaria una tarjeta controladora conectada al ordenador que hace de interface de enlace con el sistema automático o el robot y un software (programa) instalado en el ordenador que sea capaz de controlar la tarjeta, y con ello el robot.

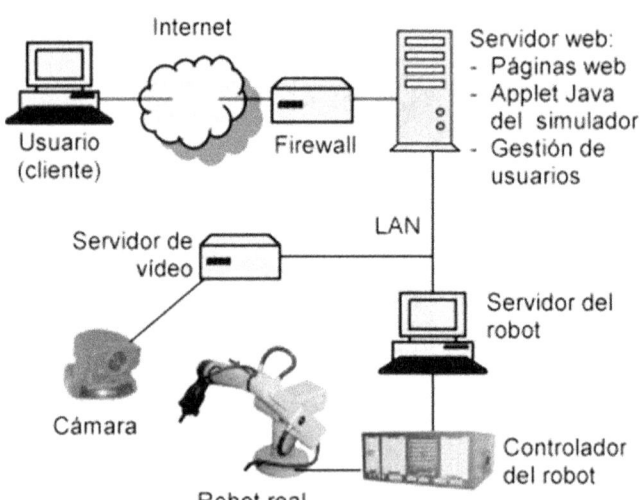

Proceso del control de un robot

Algunos lenguajes como el C++, Visual C, etc. Son capaces de interactuar con este tipo de tarjetas, pero los fabricantes de tarjetas o robots tienen lenguajes específicos, que presentan ventajas de simplicidad y un entorno gráfico muy amigable.

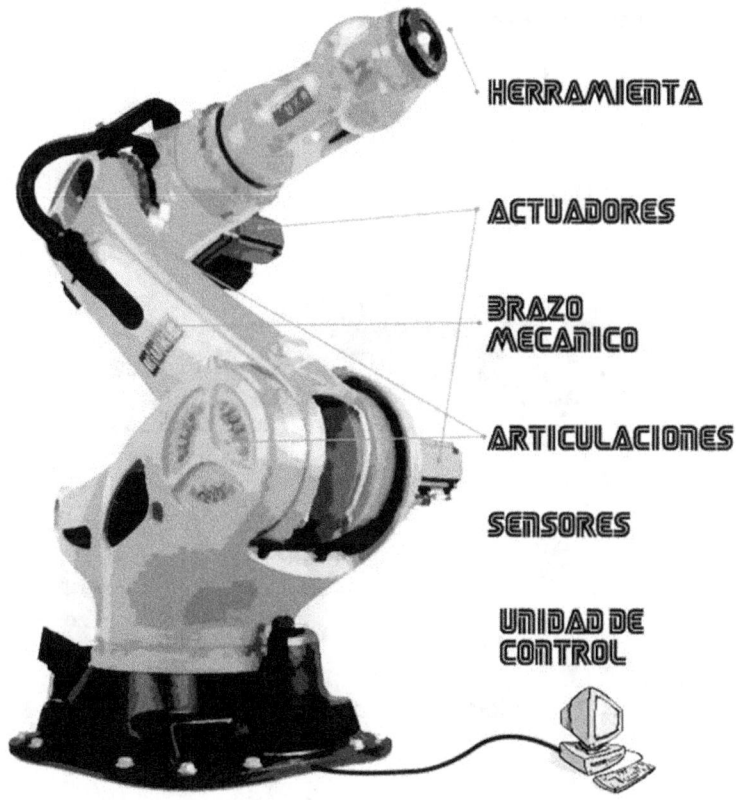

Vista general y sus partes de un robot industrial

Ejemplo de un robot educativo

Descripción del Robot educativo MR-999E.

El robot educativo MR-999E de DIDATEC consta de cinco motores de corriente continua que controlan sus movimientos.

- M1 base
- M2 hombro
- M3 codo
- M4 muñeca
- M5 pinza

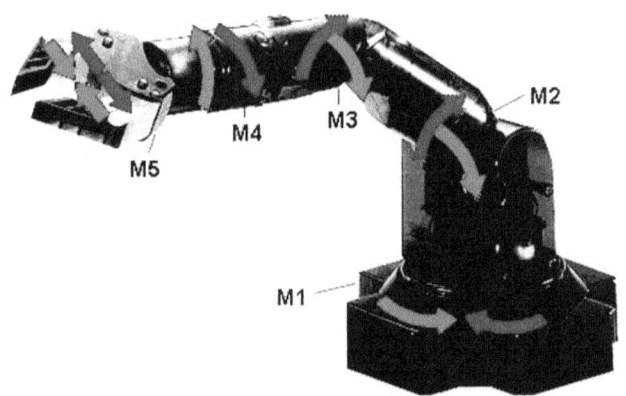

Motores del robot MR-999E

Dependiendo de la polaridad de estos motores se consigue el movimiento en una dirección u otra. El robot no dispone de sensores de posición ni de ningún otro tipo por lo que se trata de un sistema de lazo abierto. Para controlar el robot, existe un pequeño programa que lo controla fácilmente, el Hobby Robot el cuál paso a describir superficialmente, ya que se trata de una programa muy intuitivo y fácil de manejar. En primer lugar debe conectarse la tarjeta al ordenador y al robot y después lanzarse el programa. Lo primero que nos pide el programa es que conectemos la entrada 1 de la tarjeta a nivel alto para desactivar el "Plug and Play" del sistema operativo. Si no hacemos esto no lo desactiva y está molestándonos constantemente. Aunque en ocasiones a pesar de conectar la entrada a nivel alto no lo desactiva y molesta igualmente. El aspecto general de software cuando lo ejecutamos es:

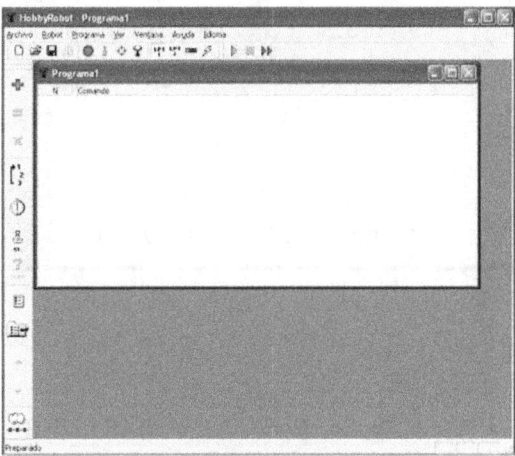

Las opciones de que dispone el programa son:

●	Inicializa al robot.
🯄	Inicio. Lleva al robot al punto de inicio, (base a la izquierda, codo y hombro arriba, pinza cerrada).
✧	Calibrar motores. Para realizar la calibración de los motores deben situarse en el extremo opuesto de su movimiento.
⍔	Robot interactivo. Permite mover los motores de forma manual
LPT1 LPT2	LPT1 o LPT2. Puerto en el que tenemos conectada la tarjeta y por tanto el robot.
▭	Testear entradas. Nos muestra el estado de las entradas.
⚡	Desactivar PlugPlay.
▷	Ejecutar. Ejecuta el programa.
■	Para. Detiene la ejecución del programa.
▷▷	Ejecutar línea. Ejecuta una línea del programa. No continua con el programa.

Las funciones que se pueden utilizar para hacer los programas son:

Robótica industrial Ing. Miguel D'Addario

✚	Añadir una acción. Cuando introducimos una línea de programa, el entorno nos muestra sobre que queremos actuar y nos ayuda a seleccionar el giro y el ángulo del motor.
▥	Editar línea. Cuando estamos sobre una línea de programa, con este icono podemos modificarlo e incluso añadirle más ordenes que se ejecutaran a la vez.
✕	Eliminar línea. Borra una línea de programa.
↻	Repetir. Función para generar bucles.
⏲	Esperar ? Segundos. Introduce una temporización de segundos.
Si.	Si.. Sino. Fin si. Introduce una estructura alternativa.
Sino	Sino. Crea un camino alternativo en caso de que no se cumpla la condición.
▦	Etiqueta. Pone una etiqueta en el programa.
↪	Salta a ... Salta el programa hasta la etiqueta que se le indique.
◀	Desplaza una línea de programa hacia arriba.
▶	Desplaza una línea de programa hacia abajo.
☁	Nube de puntos. Nos ayuda para crear el recorrido que debe hacer el robot y lo transforma en líneas de programa.

Como ejemplo de programa podemos ver cómo quedará uno muy simple.

Ejemplo

Elementos de programación

Los programas que se confeccionan para controlar robots son bucles sin fin. Tienen un comienzo y no se detienen hasta que no apaguemos el robot.

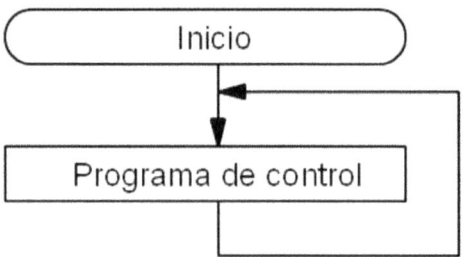

Programa que controla a un robot

Para crear este programa existe una serie de fases que debemos seguir.

Las fases que comprende un proyecto de programación son:

> Definición del problema.
> Partición del problema.
> Desarrollo de algoritmos.
> Codificación.
> Depuración.
> Testeo y validación.
> Documentación.
> Mantenimiento.

En un gran número de ocasiones no nos damos cuenta de que estamos resolviendo estas fases.

En qué consiste cada una de ellas

- Definición del problema: Comprende todos los datos y necesidades que conlleva el problema. Implica el desarrollo y la clarificación exacta de las especificaciones del problema.
- Partición del problema: Los problemas reales conllevan varias tareas, por lo que es mejor separarlas y solucionarlas por separado, para posteriormente unirlas.

- Desarrollo de algoritmos: antes de continuar aclarar dos conceptos:
  - Procedimiento: Es una secuencia de instrucciones y operaciones que pueden realizarse mecánicamente.
  - Algoritmo: Es un procedimiento que siempre termina. Para resolver el problema debemos crear los algoritmos que lo resuelven, un método es utilizar organigramas gráficos.
- Codificación: Consiste en convertir los algoritmos en un programa que se pueda interpretar por el ordenador.
- Depuración: Consiste en comprobar que se ha escrito correctamente el código del programa y que funciona con corrección.
- Testeo y validación: Comprobamos que el programa cumple con las especificaciones planteadas en el problema y lo resuelve correctamente. En caso de no resolverse correctamente debe volverse a la etapa de desarrollo de algoritmos y debe modificarse, se continua nuevamente con la codificación, depuración y de nuevo el testeo hasta que resuelvan el problema correctamente.

- Documentación: Se trata de la memoria técnica donde quedan reflejados todos los pasos del programa y su codificación. También pueden crearse documentos explicativos de cómo se debe emplear el producto, o el programa.
- Mantenimiento: Es la actualización o modificación de aquellos programas que así lo requieran.

Vídeos demostrativos del funcionamiento

https://www.youtube.com/watch?v=OkEkDZ7Y-Nk
https://www.youtube.com/watch?v=TGJzFf87-mg
https://www.youtube.com/watch?v=WjRdfX_vWRs

Kit Robot educativo MR-999E

http://solid-corp.com/education/robot-arm-toy-robots/

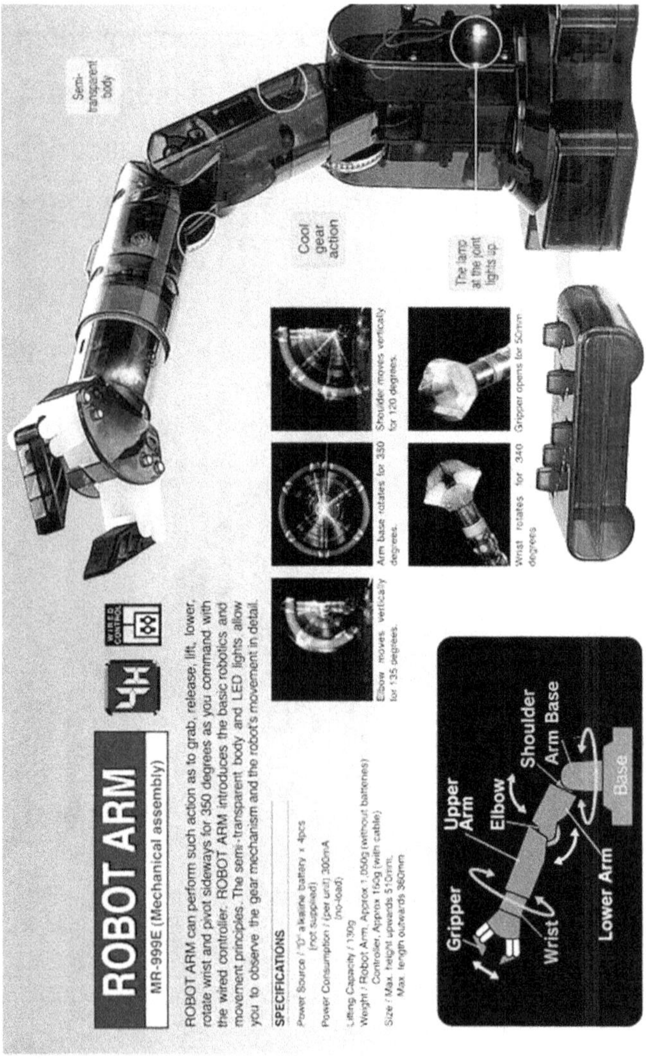

Organigramas

Son un método gráfico para obtener los algoritmos que resuelven los problemas.

Los símbolos que se pueden utilizar en un organigrama son:

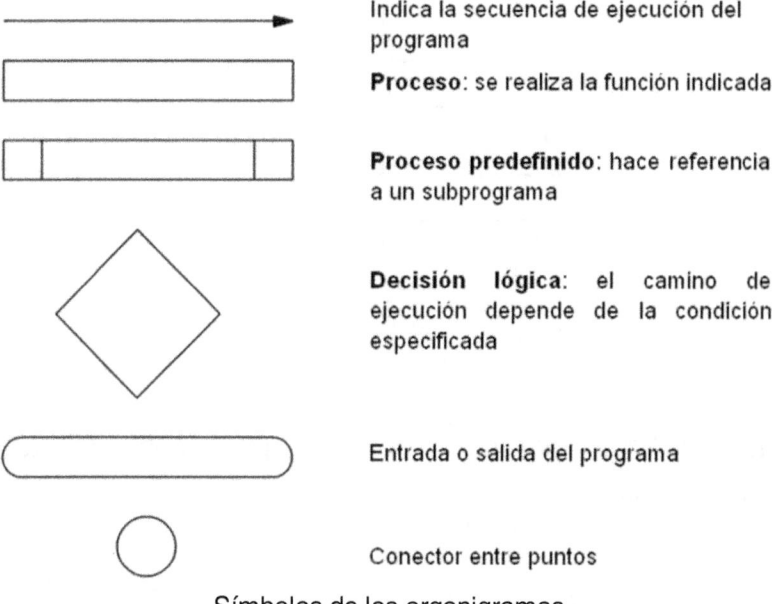

Símbolos de los organigramas

Un ejemplo de organigrama es el de la suma de dos números.

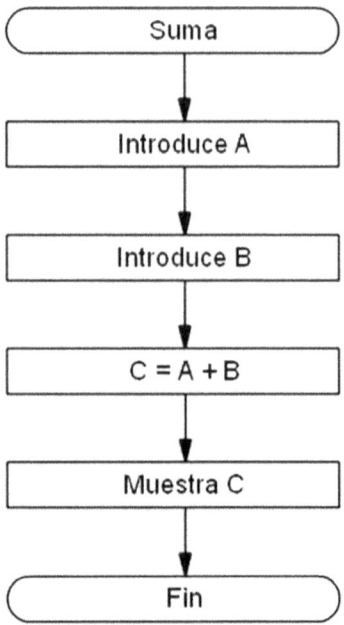

Existen seis estructuras básicas para confeccionar programas.

Todos los programas utilizan una combinación de ellas según lo que se pretende.

- Estructura secuencial: Es una sucesión ordenada de funciones que se aplican una después de otra.

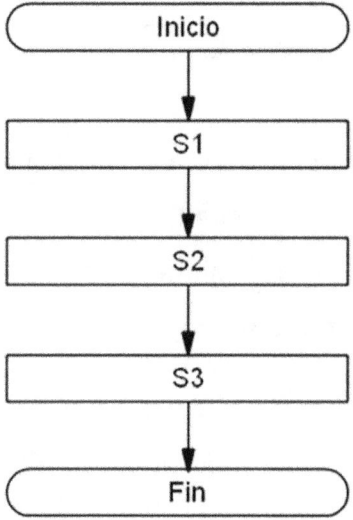

- Estructura repetitiva: Es un bucle que repite una o más funciones dependiendo de una condición.

Existen tres tipos:

Mientras condición C hacer S. Se comprueba la condición C y si se cumple se realiza S. Puede que no se realice S nunca.

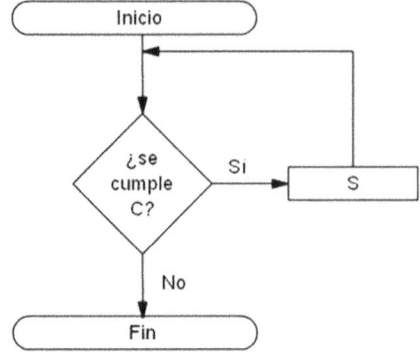

Repetir S hasta condición C. Primero se hace S y se repite mientras se cumple C.

Cuando deja de cumplirse C se termina el bucle. Como mínimo se hace una vez S.

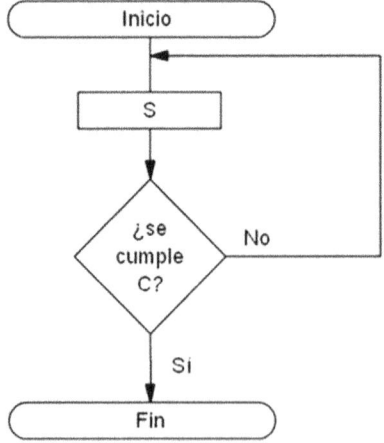

Hacer S hasta condición C. Se comprueba la condición C y si no se cumple se realiza S. Cuando se cumple S deja de repetirse el bucle.

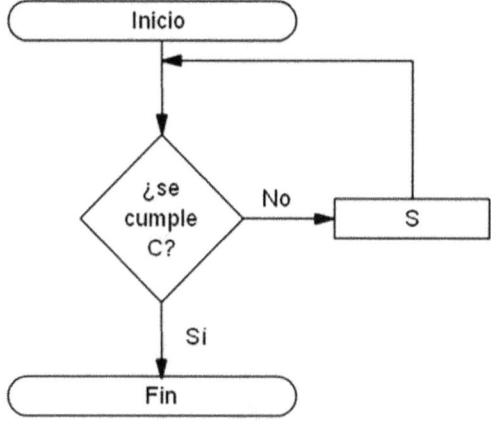

- Estructura alternativa: En esta estructura dos o más funciones se excluyen mutuamente en función de una condición. Siempre se ejecuta uno de ellos.

Existen dos tipos:

Si condición C hacer S1 en caso contrario hacer S2.

Esta estructura propone hacer un tratamiento S1 si se cumple la condición C en caso contrario realiza S2.

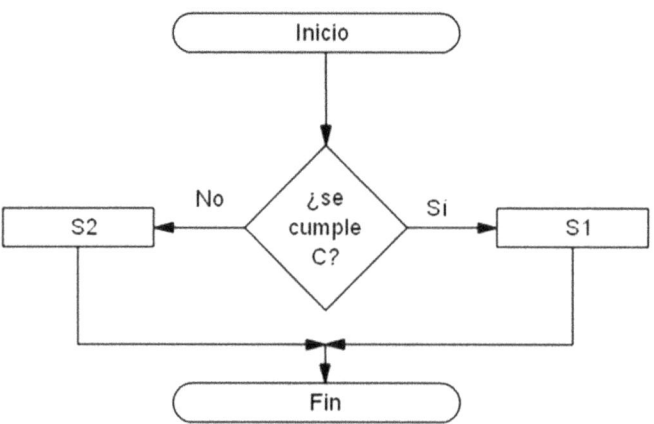

Hacer (S1, S2, Sn) según I.

Esta estructura proponer hacer una función (S1), u otra (S2), u otra (S3), etc. Dependiendo del valor que toma una variable I.

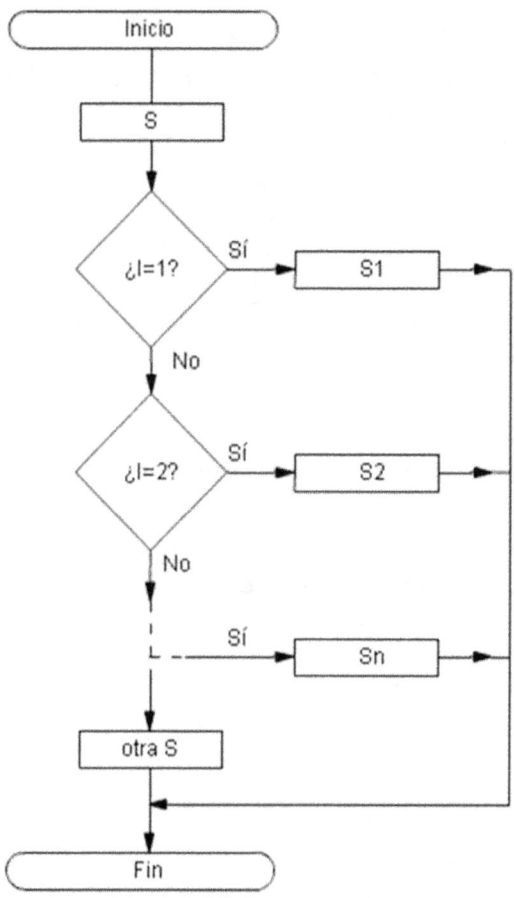

Programación del Robot educativo MR-999E

- **Ejercicio 1.** (Estructura secuencial). Realizar un programa que ponga en marcha la base del motor y la haga girar 10 grados a la derecha.

El organigrama será:

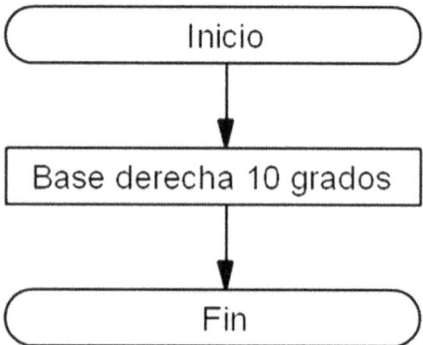

Organigrama, motor de la base gira a derechas 10 grados

El programa que resuelve la actividad anterior es:

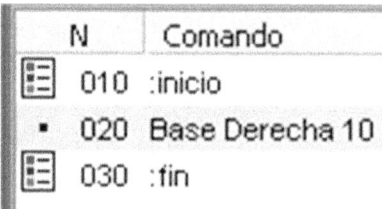

Programa, motor de la base gira a derechas 10 grados

Se trata de un programa que finaliza una vez realizado.

- **Ejercicio 2.** (Estructura repetitiva 1). Realizar un programa que ponga en avance a la derecha la base si está activa la entrada 1.

El organigrama será:

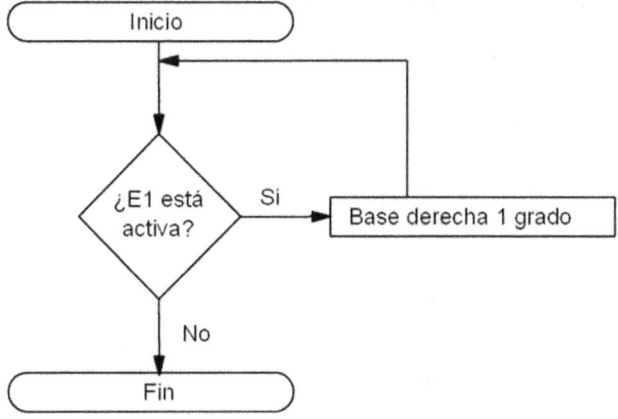

Organigrama, la base gira a derechas si E1 activa

El programa que resuelve la actividad anterior es:

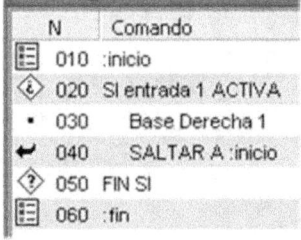

Programa, la base gira a derechas si E1 activa

Este programa finaliza si no está activa la entrada 1, por lo que debe estar activa antes de ejecutarse, o nunca se moverá la base del robot.

- **Ejercicio 3.** (Estructura alternativa). Realizar un programa que ponga en avance a la derecha la base si está activa la entrada 1 o en avance a la izquierda si no está activa la entrada 1.

El organigrama es:

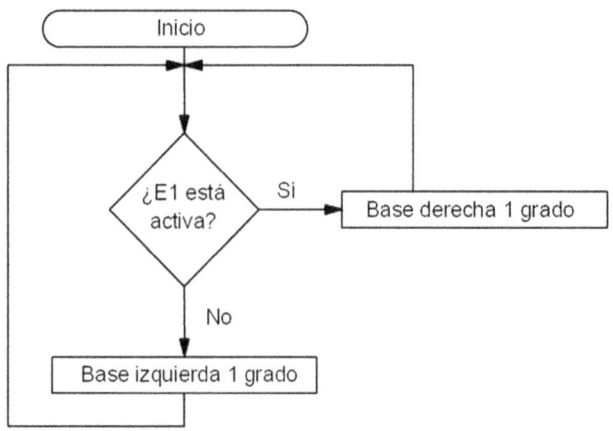

Organigrama, la base gira según E1

El programa que resuelve la actividad anterior es:

N	Comando
010	:inicio
020	SI entrada 1 ACTIVA
030	Base Derecha 1
040	SINO
050	Base Izquierda 1
060	FIN SI
070	SALTAR A :inicio

Programa, la base gira según E1

Este programa ya no tiene fin, siempre se está moviendo la base a derechas o a izquierda. Para detenerlo necesitamos parar el programa.

- **Ejercicio 4.** (Combinación de estructuras alternativas). Realizar un programa que ponga en avance a la derecha la base si está activa la entrada 1 o en avance a la izquierda si está activa la entrada 2, y que esté esperando a que se active una de ellas siempre.

El organigrama es:

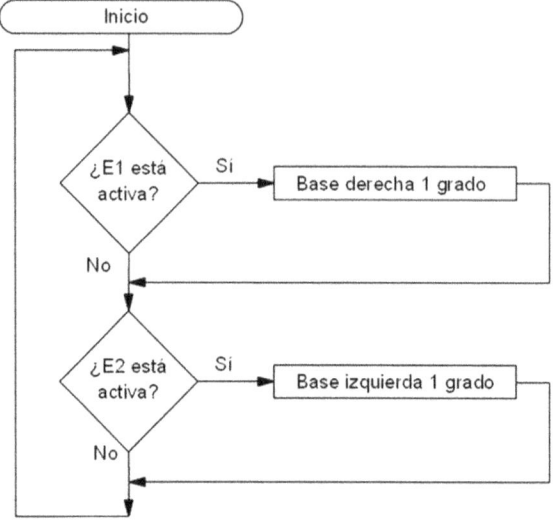

El programa que resuelve la actividad anterior es:

Programa, la base gira según E1 y E2

Se trata de un programa más funcional, movemos en una sentido u otro la base según activamos E1 o E2. Si no activamos ninguna de las entradas el programa espera hasta que se active alguna de ellas.

Tipos de robots industriales

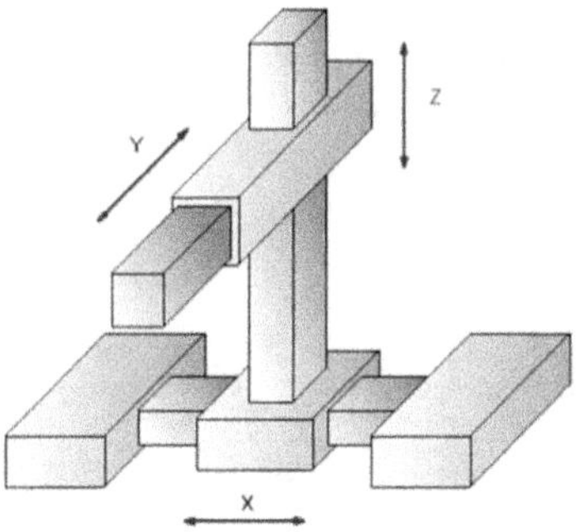

Cartesiano

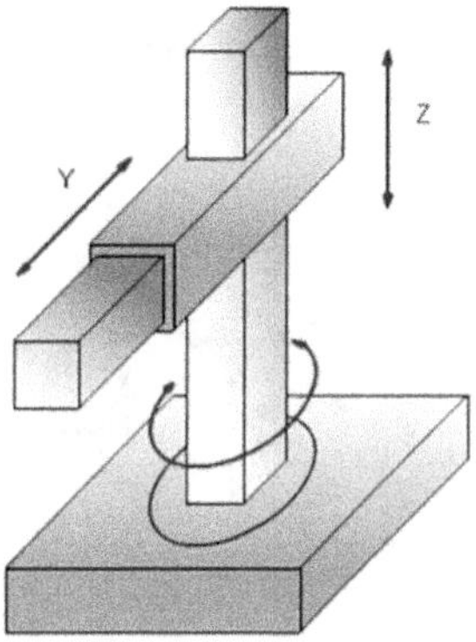

Cilíndrico

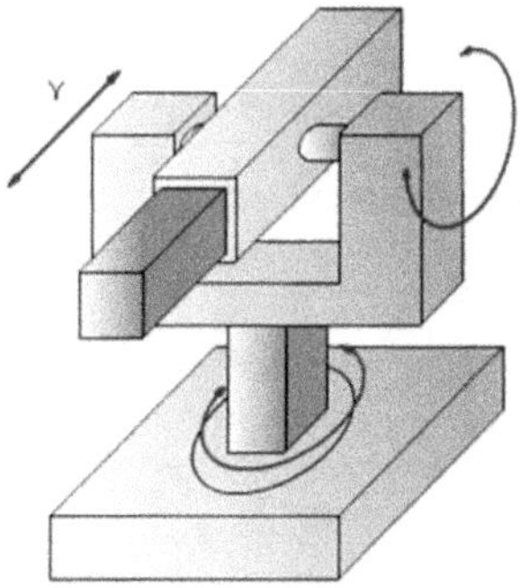

Esférico o Polar

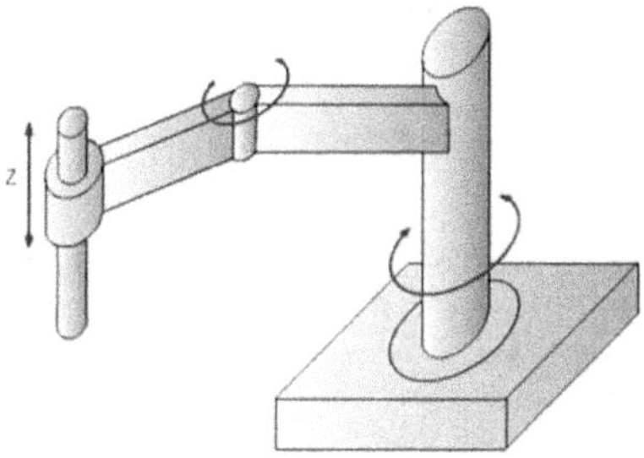

Articulado

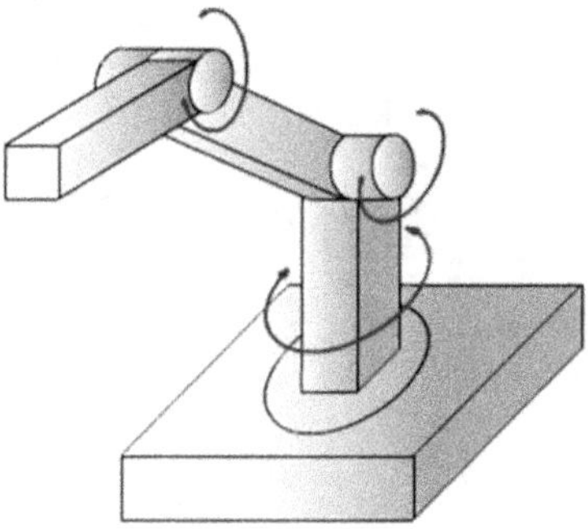

Antropomórfico

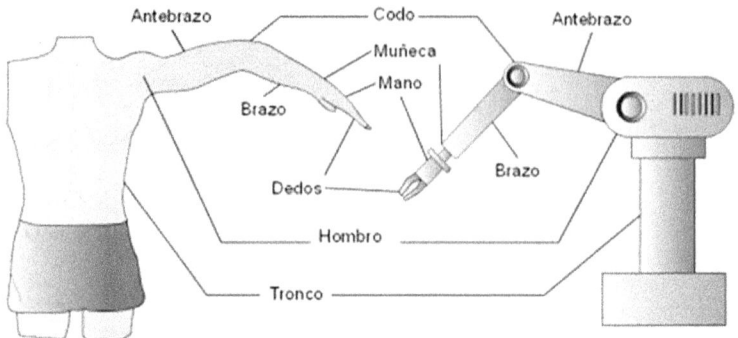

Similitudes robot y humano

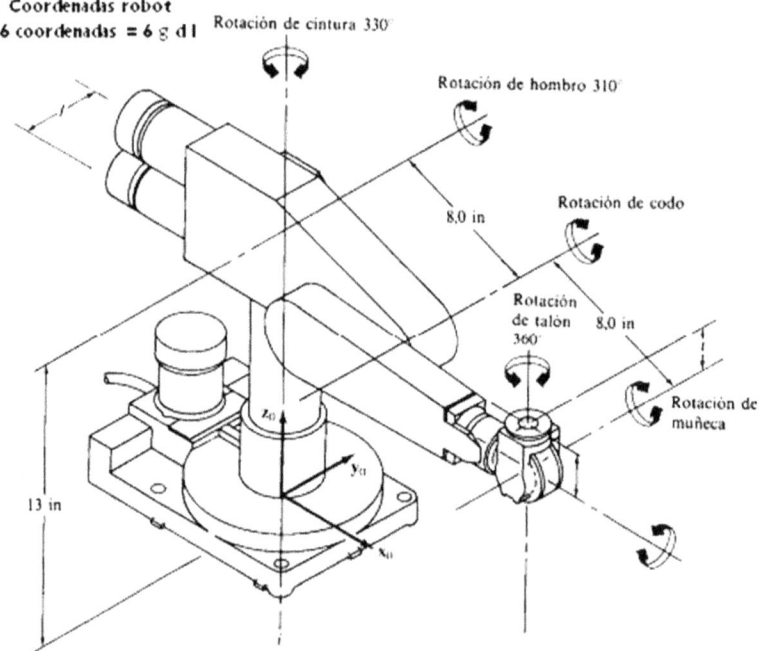

Giros y movimientos de un robot

20 Ejercicios prácticos

1.- Indica las fases de evolución por los que ha pasado en los sistemas automáticos, desde los comienzos hasta ahora.

2.- ¿Cuántos tipos de sistemas de control existen?, ¿Cuáles son?

3.- Pon un ejemplo de sistema en lazo abierto y otro de sistema en lazo cerrado.

4.- Explica como son y para qué sirven los siguientes sensores: Sensor de proximidad, sensor de iluminación, sensor magnético, sensor de presión, piel robótica, sensor de sonido y Microinterruptores.

5.- ¿Qué es un actuador? Cita tres de ellos e indica cuál es su función.

6.- ¿Qué tipo de robot es el de la siguiente imagen?

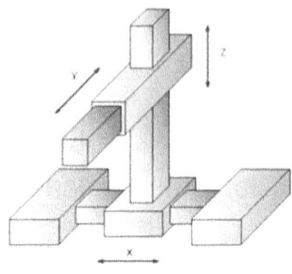

7.- ¿Qué diferencia existe entre un robot polar y uno antropomórfico?

8.- En un robot poliarticulado, ¿Está previsto que se pueda desplazar de su sitio?

9.- ¿Conoces algún robot zoomórfico? Explica para qué se utiliza.

10.- ¿Qué elementos son necesarios para conectar un ordenador con un robot y así controlarlo?

11.- Crea el organigrama que represente el siguiente algoritmo.

    a.- Toma un objeto.

    b.- Mira el color que tiene.

    c.- Si el color es verde déjalo en la bandeja derecha en caso contrario en la izquierda.

d.- Pasa hasta el apartado (a).

12.- Crea el organigrama que representa el siguiente algoritmo.

    a.- Mira el estado de la entrada 2.

    b.- Si la entrada 2 es 0 continua con el programa, en caso contrario gira el motor 2 un grado a derechas.

    c.- Mira el estado de la entrada 3.

    d.- Si la entrada 3 es 0 continua con el programa, en caso contrario gira el motor 2 un grado a izquierdas.

    e.- pasa hasta el apartado (a).

13.- Con ayuda del programa Hobby Robot, crea el programa que implementa el algoritmo anterior y pruébalo sobre el robot.

14.- Dado el organigrama siguiente crea el programa que implementa y pruébalo sobre el programa Hobby Robot.

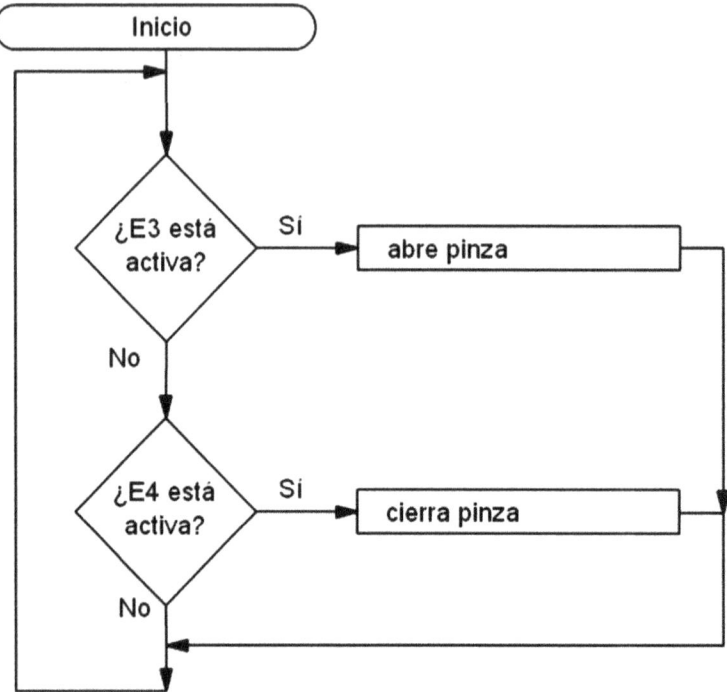

15.- Dibuja el organigrama de un programa que realice una tarea 8 veces y después finalice.

16.- Dibuja el organigrama de un programa que primero realice una tarea, luego otra, luego la primera, alternado cada vez una tarea todo ello durante un número infinito de veces.

17.- Explica las diferencias entre los organigramas siguientes.

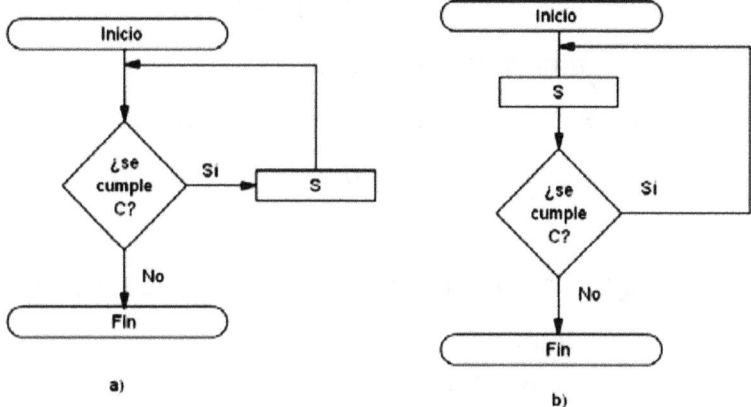

a)

b)

18.- Dado el programa siguiente dibuja su organigrama.

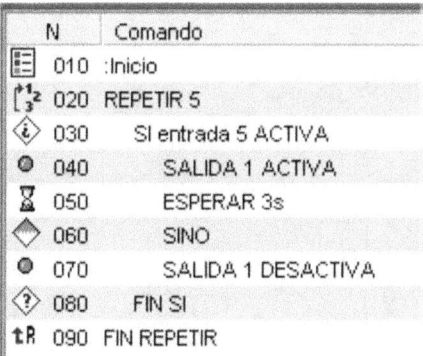

19.- Explica que hace el programa anterior y que pasará en el supuesto siguiente.

a) Se activa la entrada 3 cuando el programa se encuentra ejecutando la línea 50.

b) Se activa la entrada 5 cuando el programa se encuentra ejecutando la línea 70.

c) Se desactiva la entrada 5 cuando el programa se encuentra ejecutando la línea 50.

20.- Dibuja el organigrama y el programa que resuelve el siguiente algoritmo.

-La salida 2 está activa 2 segundos y luego está desactiva 1 segundo.

-La salida 1 está activa 1 segundo y luego se desactiva 2 segundos.

Las dos condiciones anteriores deben cumplirse simultáneamente.

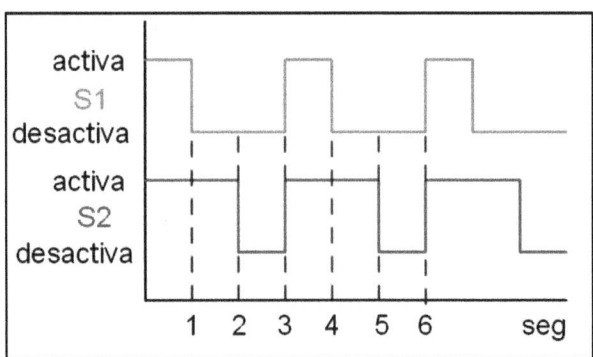

Futuro y proyección de la robótica

La cuarta revolución industrial
Tecnología y cambios en la sociedad

Pese a que no es la primera vez que se oye hablar de la cuarta revolución industrial, de hecho, la primera documentada data de 1948, sí que parece que puede ser la definitiva. Este 2016 podría ser el año que confirma la llegada de los cambios disruptivos que transformarán los entornos productivos desde sus cimientos, provocando cambios sociales de gran relevancia. Al menos así lo piensa Klaus Schwab, y de esta forma lo expone en su obra "The fourth industrial revolution", que se publicó en enero de este año, recogiendo su punto de vista experto y algunas de las ideas y reflexiones más notables, de entre las vertidas en el World Economic Forum.

En qué consiste la cuarta revolución industrial

Las fábricas inteligentes, la industria 4.0 o la introducción masiva de robots en entornos productivos son sólo algunas de las pistas que pueden ayudar a describir un futuro bastante inmediato. Las posibilidades de la tecnología superan expectativas y, cada avance impulsa la aparición de nuevas innovaciones en este terreno. La estrategia de las fábricas, la de las cadenas de producción, organizaciones de todo el mundo, e incluso gobiernos, se rinde ante la aceleración de los cambios que convierten en inminente la transformación radical de los métodos y procesos productivos.

Una estrategia que logra integrar la concepción física del proceso de fabricación con el Internet de las cosas y otras tecnologías. La convergencia de múltiples sectores de la tecnología y la industria que evidencia que los seres humanos están entrando en una nueva era de grandes oportunidades y menor aversión al riesgo. La evolución a velocidad no lineal, que muestra una progresión exponencial, síntoma de que el cambio está ya en marcha. Cada revolución industrial ha abierto las puertas a nuevas posibilidades. La máquina de vapor es un buen ejemplo de uno de los hitos más grandes en la industrialización, que marcó un antes y un después en el desarrollo humano. La cuarta revolución industrial, igual que sus precedentes, supone un salto cualitativo que cambia la escala, el alcance y la complejidad del panorama intelectual colectivo. No es sorprendente

que las señales de esta transformación se encuentren por todas partes:
- Robots inteligentes.
- Coches que se conducen solos.
- Avances en la neurociencia.
- Edición genética avanzada.

Incluso en el día a día puede comprobarse que cada vez es posible hacer más cosas con un dispositivo móvil. Tal y como afirmó Inga Beale, Chief Executive Officer, Lloyd's en el World Economic Forum, "Para muchas personas el smartphone es el primer ordenador que han tenido y, en algunos casos, se trata también del único". Klaus Schwab, Fundador y Presidente Ejecutivo del Foro Económico Mundial, ha estado en el centro de los asuntos mundiales durante más de cuatro décadas. Él está convencido de que estamos en el comienzo de una revolución que está cambiando fundamentalmente la forma en que vivimos, trabajamos y nos relacionamos unos con otros. Para Schwab, la cuarta revolución industrial que vivimos también presenta el ingrediente de liberación que caracterizó a las anteriores revoluciones. Cada uno de estos puntos de inflexión precedentes ha aumentado significativamente el nivel de bienestar

alcanzado por la sociedad. Así, la humanidad ha conseguido progresivamente:
- Liberarse de la dependencia de la energía animal.
- Hacer realidad la producción en masa.
- Ampliar el alcance de las capacidades digitales a miles de millones de personas.

Y, sin embargo, a pesar de todas estas coincidencias que ratifican que nos hallamos en mitad de un proceso evolutivo importante; existen algunas diferencias con las transformaciones anteriores. Esta cuarta revolución industrial se caracteriza por el protagonismo tecnológico. Los avances en este campo se enriquecen al fusionarse con otras áreas de conocimiento. La integración de los mundos físicos, biológicos y digitales, afectan a todas las disciplinas y alcanzan con su impacto a las economías e industrias. El desafío está en el aire y, como sucede con este tipo de revoluciones, al aceptar el reto no sólo se derivarán consecuencias para los entornos de producción, sino que los efectos del cambio traspasarán las fronteras de la industria calando muy hondo en la sociedad.

Los cambios que impulsa la cuarta revolución industrial

Si las predicciones de Klaus Schwab se cumplen, y todas las señales apuntan a la existencia de una transformación que ya está en marcha, es muy posible que la forma en que vivimos también quede sujeta a los cambios. Según él mismo expresa en su obra " vivimos en una época de gran promesa y gran peligro".

Los beneficios de la cuarta revolución industrial
- Asegurar el potencial para conectar miles de millones de personas a las redes digitales.
- Mejorar drásticamente la eficiencia de las organizaciones.
- Gestionar los activos de forma más sostenible, incluso ayudando a regenerar el medio natural.

Y, sin embargo, los inconvenientes del proceso evolutivo están aún en la sombra.

Las preocupaciones de Schwab al respecto están en la siguiente línea:
- Dificultad de las organizaciones para adaptarse al nuevo ritmo y los nuevos métodos.

- Cambio del posicionamiento de los gobiernos con respecto a los avances tecnológicos, que podrían dejar centrarse en tratar de regular para limitarse a capturar sus beneficios.
- Traslado del poder a quienes cuenten con mayores posibilidades de innovación y más recursos.
- Aparición de nuevos e importantes problemas de seguridad.
- Crecimiento de las desigualdades y fragmentación de las sociedades.

Es difícil pensar que estamos preparados para esto, sobre todo cuando todavía no está del todo claro cómo se desarrollarán los acontecimientos. No obstante, hay que pensar en soluciones y no olvidar que las personas podemos seguir manteniendo el control, siempre y cuando seamos capaces de colaborar a través de zonas geográficas, sectores y disciplinas para aprovechar las oportunidades que presenta esta revolución, en vez de perdernos en sus amenazas. A fin y al cabo, estas nuevas tecnologías son herramientas ante todo hechas por la gente para la gente y, juntos, es posible dar forma a un futuro que funcione para todos. La cuarta revolución industrial está relacionada con la robótica, que jugará un papel trascendental en los próximos años, como el que tuvo la máquina de vapor durante la Revolución Industrial. El 70% de los ejecutivos tiene expectativas positivas sobre la cuarta revolución industrial, así lo reveló el Barómetro Global de Innovación 2016 de General Electric (GE). Según el estudio, los mercados emergentes, principalmente en Asia, son los que están adoptando una innovación más disruptiva que sus similares en las economías desarrolladas. Empresarios y ciudadanos están de acuerdo en que las compañías más innovadoras son las que crean mercados o productos totalmente nuevos, en lugar de mejorar o reiterar los ya existentes. Sin embargo, una parte de los empresarios teme quedarse atrás debido a que la tecnología evoluciona más rápido de lo que pueden adaptarse, y otros favorecen un enfoque incremental a la innovación que mitiga este riesgo.

La encuesta reveló que Estados Unidos sigue clasificando como el campeón en innovación; Alemania pasó del segundo al tercer lugar, y Japón sigue ocupando un sitio entre las tres primeras posiciones de los líderes en innovación, moviéndose dos lugares. El Barómetro Global de Innovación arrojó que 90% de los directivos encuestados está de acuerdo en que las empresas más innovadoras no solamente lanzan nuevos productos y servicios, sino que también crean nuevos mercados que no se conocían anteriormente. "Ser disruptivo es el estándar de oro para ejecutivos y ciudadanos, pero sigue siendo un objetivo complicado para llevarlo a la práctica en las compañías", añadió el estudio. El otro 72% de los ejecutivos expresó que la cultura de los hackers ha emergido dentro de la creación de startups que ofrecen un nuevo modelo que afronta y desafía políticas y formas de trabajo existentes. Un 81% de los ejecutivos dijo seguir luchando para conseguir ideas radicales, y sólo 24% siente que su empresa está funcionando de manera correcta y adaptándose rápidamente a las tecnologías emergentes, sintiendo la presión del 'darwinismo digital'. Nanotecnologías, inteligencia artificial, drones e impresoras 3D serán artífices de la 'Cuarta Revolución Industrial', según el Foro Económico Mundial de Davos. Además estimó que esta revolución podría acabar con 5 millones de puestos de trabajos en los 15 países más industrializados del mundo. La relevancia de ciertas novedades en los procesos productivos puede llegar a ser tan alta, que se espera que alcancemos pronto la cuarta revolución industrial. Lo digital y lo analógico se dan de la mano en una realidad dominada por robots y dispositivos conectados, con cada vez menor empleo humano.

¿Qué avances traerá consigo la cuarta revolución industrial?

A lo largo de la historia, al igual que ha ocurrido con las revoluciones sociales y políticas, también se han dado tres grandes revoluciones industriales. La primera de ellas se expandió a partir de 1784, gracias a la introducción del primer sistema mecanizado. Más tarde, entre 1870 y 1913, aparecieron una serie de máquinas nuevas en Estados Unidos y Alemania que llevaron a la creación de la cinta transportadora, movimiento crucial para el nacimiento de la división del trabajo y la producción masiva. La tercera, un siglo después, se basó en la electrónica encaminada a controlar la producción. Grandes cambios en el modelo productivo y laboral. De manera similar a las anteriores, esta revolución industrial también comienza con el desarrollo de nueva tecnología aplicada a los procesos de producción. En este caso, serán los equipos de robótica y los dispositivos conectados del Internet de las Cosas. Con ellos, se espera que la industria 4.0, que comunica la realidad analógica antigua con la nueva digital, modifique plenamente el panorama productivo primero, con cuotas de productividad mucho más altas y mayor grado de control en el producto, y más tarde el laboral. Algunos expertos escépticos ponen en tela de juicio lo primero, afirmando que aún no se puede asegurar que la tecnología haya avanzado hasta el punto necesario de automatización. Sin embargo, sí se coincide en que los empleos no volverán a ser los mismos de antes. En España, por ejemplo, se espera que el 43% de los trabajos actuales lleguen a ser robotizados en el futuro, aunque el momento actual de nuestra economía y nuestro tejido industrial no hagan pensar en una transición cercana. A los partidarios de su pronta instauración, les queda un camino de lucha durante más años de la cuenta respecto a otras potencias vecinas, como siempre ha ocurrido con las novedades de industria en español. Esta vez, sin embargo, la importancia también es medioambiental, si de verdad queremos cumplir con lo firmado en la Cumbre de París contra el cambio climático. La cuarta revolución industrial, la industria 4.0 y todo lo que rodea al sector, además de otras temáticas futuras, forman parte del Festival of Media Global, donde el debate sobre todo lo que viene próximamente es muy intenso entre importantes actores como compañías y medios de comunicación.

Tendencia y cambios a futuro
La tendencia de los robots inteligentes y autónomos, no sólo se da en los humanoides para servicio, como el acompañante para enfermos Geminoid-TMF lanzado en 2010 en Japón y que imita expresiones faciales humanas captadas a través de señales eléctricas de una cámara; sino también en el ámbito industrial. Hoy en día las plantas industriales aún cuentan con robots computarizados, basados en programación y destinados sólo a funcionar bajo ciertas reglas y órdenes. Pero la tendencia, asegura uno de los líderes mundiales en desarrollo de robots industriales, la empresa ABB - firma que los diseña en China y Suecia y tiene más de 190, 000 unidades en el mundo-, es al desarrollo de sistemas de visión electrónica cada vez más fina y que permitan a la máquina ser autónoma. Enrique Santacana, director

de ABB para la región Norteamérica, asegura que el robot para la industria del futuro, además de ser más pequeño y preciso, podrá tener la capacidad de ser inteligente. "En el área de precisión hay una revolución robótica, eso ayuda a tomar el próximo paso en esa industria. Máquinas con visión", asegura. Algunos de los avances obtenidos, destaca, es el logro de que los robots de hoy sean más pequeños que hace cinco años y operen en plataformas de producción más reducidas.

"Son una quinta parte de lo que era antes, no solamente en términos del área que ocupan, pero también en peso y son más diestros", explica Santacana.

Las oportunidades para los robots industriales actualmente y en el futuro, están en la manufactura de productos, señala el CEO.

Los robots industriales del futuro podrían ser capaces de reconocer a los obreros de una planta y convivir con ellos gracias a sistemas de visión a base de imágenes y de percepción mediante sensores.

Finalidades futuras

Esta es la finalidad principal de las actuales y futuras investigaciones en robótica, indica Enrique Santacana, director de ABB para la Región Norteamérica, máquinas capaces de tomar determinadas decisiones a través del aprendizaje y de la percepción sensorial. En una década las investigaciones en robótica industrial, lograron destrabar lo que en el 2000 parecía avanzar a paso lento. Los investigadores en robótica tenían previsto que la tendencia apuntaba hacia este tipo de tecnología. "Los sistemas de visión seguirán siendo, en cualquier caso, los más utilizados y los de mayor desarrollo futuro, tanto para los robots manipuladores como para los robots móviles, aunque para estos últimos los sensores de proximidad y distancia sigan constituyendo un elemento esencial". Hoy se sabe que existen cámaras para líneas de producción capaces de identificar productos defectuosos y faltantes a base de sensores integrados que lanzan una alerta cuando identifican que algo anda mal. En la actualidad en el mundo existen esfuerzos en desarrollar robots inteligentes, además de compañías como ABB, existen consorcios entre empresas y universidades que trabajan en proyectos que tienen que ver con este tipo de tecnologías. Y también grandes empresas reconocidas que lanzan androides como el Geminoid-TMF de Japón o Asimo de Yamaha que tiene capacidad de subir y bajar escaleras y que es actualmente un secreto industrial.

Robótica industrial *Ing. Miguel D'Addario*

Esquemas e infografías

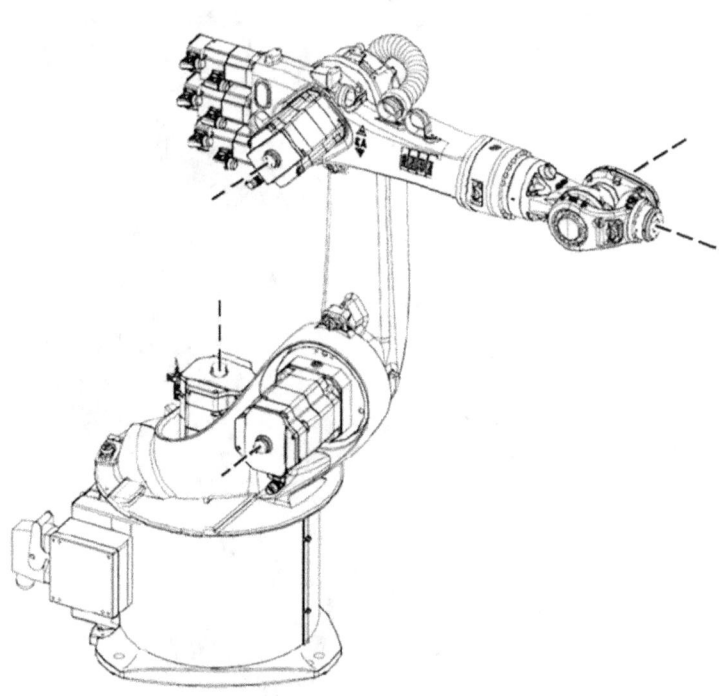

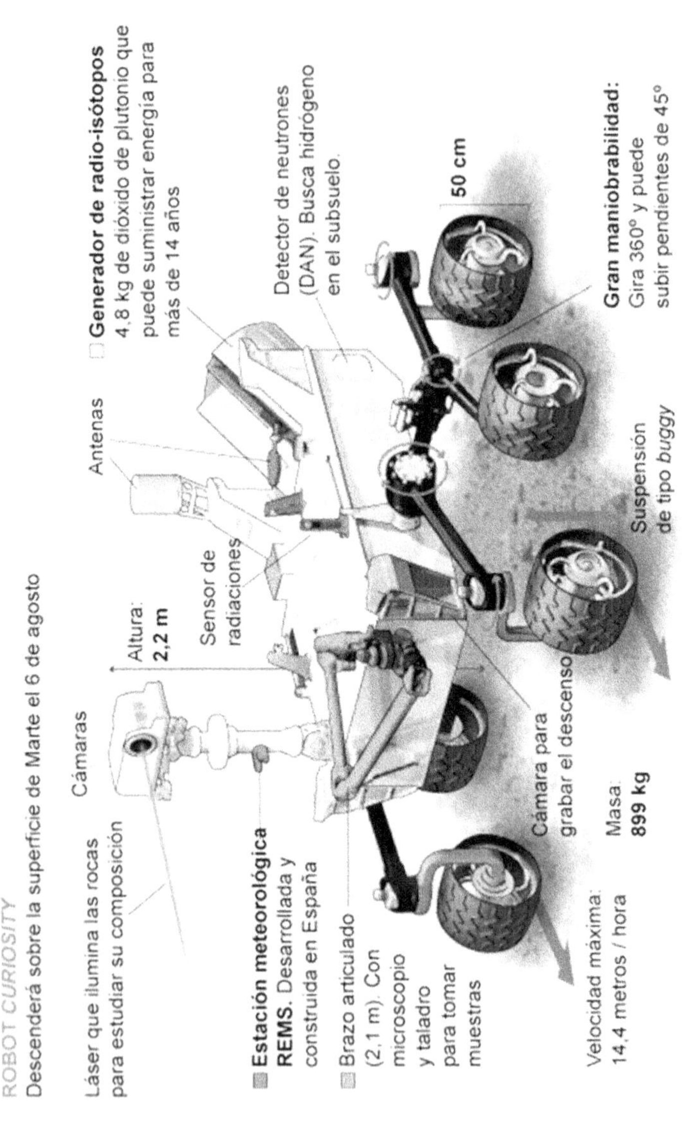

Robótica industrial *Ing. Miguel D'Addario*

ROBOT CURIOSITY
Descenderá sobre la superficie de Marte el 6 de agosto

Láser que ilumina las rocas para estudiar su composición

Cámaras

Antenas

☐ **Generador de radio-isótopos**
4,8 kg de dióxido de plutonio que puede suministrar energía para más de 14 años

Altura: **2,2 m**

Sensor de radiaciones

Detector de neutrones (DAN). Busca hidrógeno en el subsuelo

50 cm

Gran maniobrabilidad:
Gira 360° y puede subir pendientes de 45°

■ **Estación meteorológica REMS.** Desarrollada y construida en España

■ Brazo articulado (2,1 m) Con microscopio y taladro para tomar muestras

Cámara para grabar el descenso

Suspensión de tipo *buggy*

Masa: **899 kg**

Velocidad máxima: **14,4 metros / hora**

Robótica industrial *Ing. Miguel D'Addario*

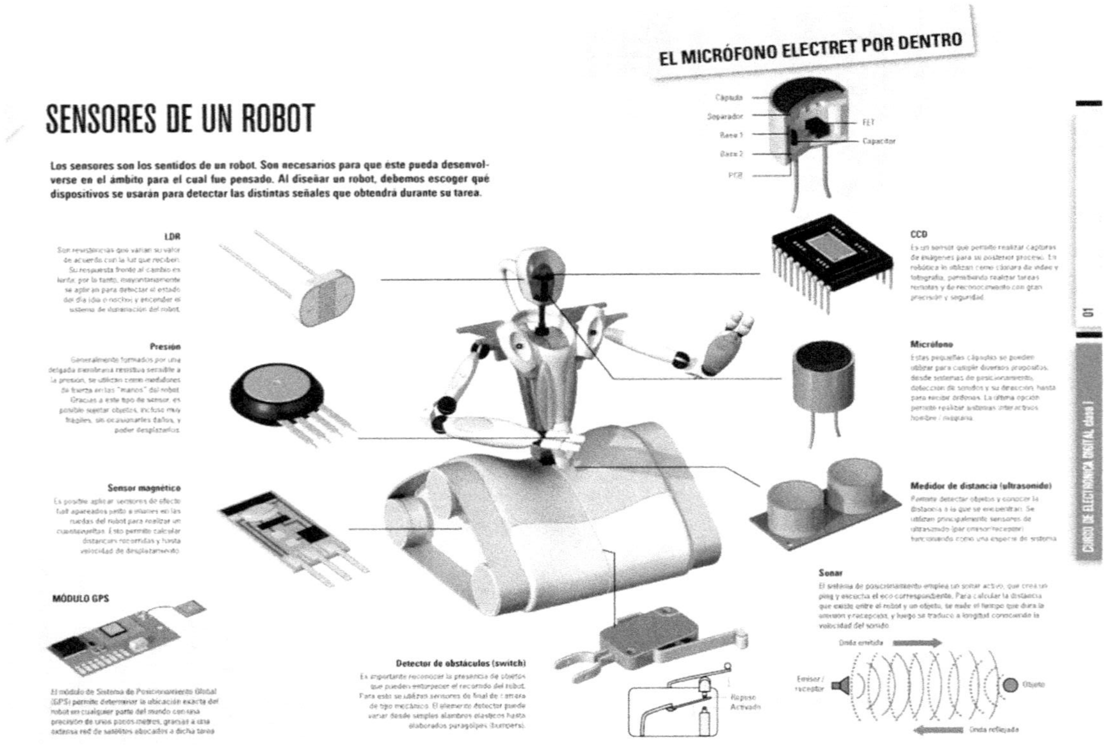

Robótica industrial — Ing. Miguel D'Addario

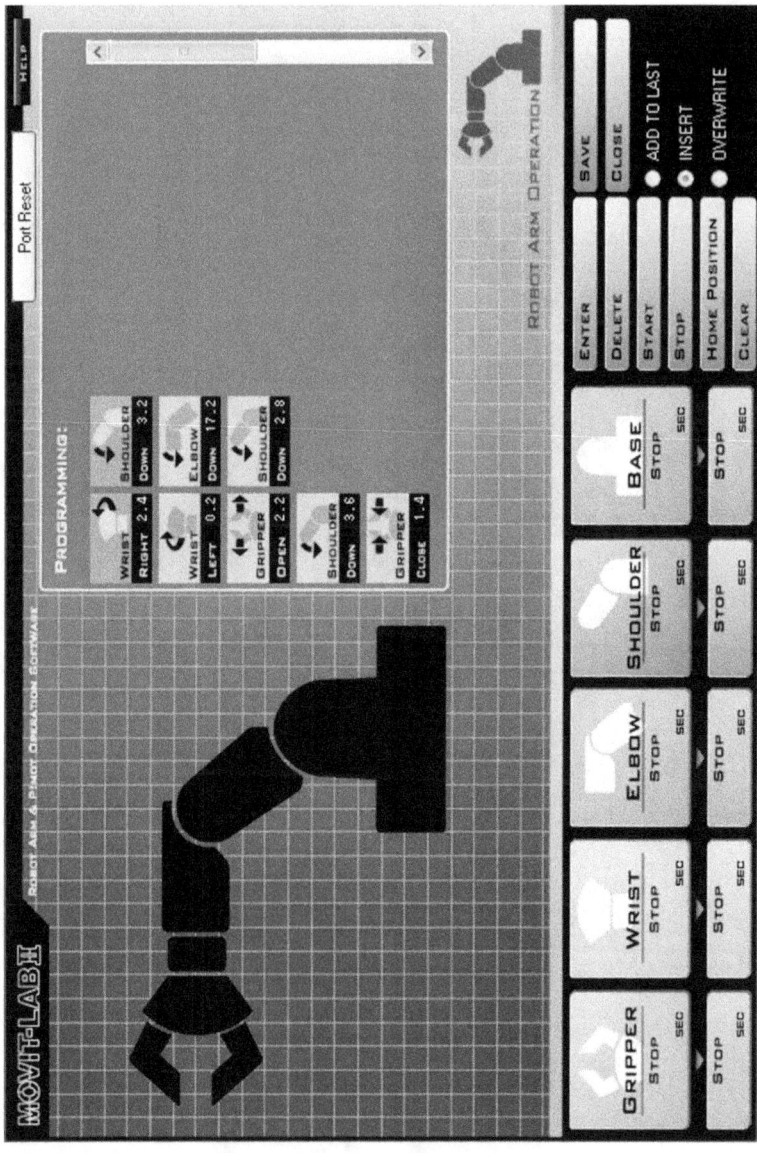

Robótica industrial *Ing. Miguel D'Addario*

Bibliografía

Handbook of robotics, Bruno and Khatib, Oussama. Springer, 2008.

Almond, R. G., Graphical Belief Modeling.

Angeles, J. Fundamentals of Robotic Mechanical Systems: Theory, Methods, and Algorithms.

Ingeniero D'Addario Miguel. Automatismo industrial.

Ingeniero Miguel D'Addario. Diseño Industrial.

Asada, H. and Slotine, J.-J. E. Robot analysis and control.

Bar-Shalom, Yaakov and Li, Xiao-Rong. Estimation and Tracking, Principles, Techniques, and Software.

Bishop, Christopher M., Pattern Recognition and Machine Learning.

Brady, J. M., Robot motion planning: planning and control.

Brand, Louis, Vector and tensor analysis, Wiley, 1948.

Canudas de Wit, C., Siciliano, B. and Bastin, Theory of Robot Control.

Craig, J. J. Introduction to Robotics: mechanics and control.

Crane, C. D. III and Duffy, J., Kinematic Analysis of Robot Manipulators.

Ginsberg, M. Essentials of Artificial Intelligence.

Duffy, J. Statics and Kinematics with Applications to Robotics.

Kanal, L. N. and Lemmer, Uncertainty in Artificial Intelligence.

Latombe, Jean Claude. Robot motion planning.

LaValle, Steven M., Planning algorithms. Also available on the web.

Lewis, F. L. and Abdallah, C. T. and Dawson, D. M. Control of robot manipulators.

McCarthy, J. M. Introduction to Theoretical Kinematics.

Murray, R. M, Li, Z. and Sastry, S. S., A Mathematical Introduction to Robotic Manipulation.

N., ISO/TR 8373: Manipulating Industrial Robots – Vocabulary, ISO, 1988.

Nilsson, N., Artificial intelligence: a new synthesis, 1998.

Pearl, J., Probabilistic reasoning in intelligent systems: networks of plausible inference.

Poole, D., Mackworth, A. K. and Goebel, R. G., Computational Intelligence: A Logical Approach.

Samson, C., Le Borgne, M. and Espiau, B., Robot Control, the Task Function Approach.

Sciavicco, L. and Siciliano, B. Modeling and control of robot manipulators.

Selig, J. Geometrical Methods in Robotics.

Skowronski, Jan M., Control Theory of Robotic Systems, World Scientific, 1989.

Wolovich, William A. Robotics: basic analysis and design.

http://mindtrans.narod.ru/
www.Portaleso.com
www.YouTube.com
http://solid-corp.com

Foto de portada: Robot operator Kawada. (global.kawada.jp)

Manual de
Robótica industrial
Fundamentos, usos y aplicaciones

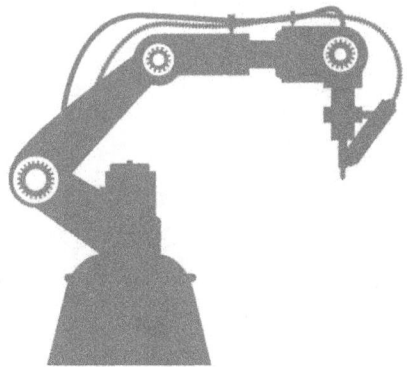

Ing. Miguel D'Addario

Robótica industrial *Ing. Miguel D'Addario*

Primera edición

2016

CE

Robótica industrial *Ing. Miguel D'Addario*

www.ingramcontent.com/pod-product-compliance
Lightning Source LLC
Chambersburg PA
CBHW070226190526
45169CB00001B/100